广州建筑导览

Guangzhou Architecture Guide

陆　琦　编著

中国建筑工业出版社

图书在版编目（CIP）数据

广州建筑导览/陆琦编著.—北京：中国建筑工业出版社，2010.10
ISBN 978-7-112-12589-0

Ⅰ.①广… Ⅱ.①陆… Ⅲ.①城市建筑-广州市
Ⅳ.①TU984.265.1

中国版本图书馆CIP数据核字（2010）第201131号

责任编辑：唐 旭 陈小力
责任设计：李志立
责任校对：王 颖 张艳侠

广州建筑导览
Guangzhou Architecture Guide
陆 琦 编著

*

中国建筑工业出版社出版、发行（北京西郊百万庄）
各地新华书店、建筑书店经销
北京嘉泰利德公司制版
北京方嘉彩色印刷有限责任公司印刷

*

开本：880×1230毫米 1/32 印张：$7^1/_8$ 字数：228千字
2010年11月第一版 2010年11月第一次印刷
定价：39.00元
ISBN 978-7-112-12589-0
(19854)

目　录

荔湾区 Liwan District

海珠区 Haizhu District

天河区 Tianhe District

天河区一分块建筑 Zone 1, Tianhe District

天河区二分块建筑 Zone 2, Tianhe District

天河区三分块建筑 Zone 3, Tianhe District

白云区 Baiyun District

白云区建筑 Baiyun District

黄埔区 Huangpu District

黄埔区一分块建筑 Zone 1, Huangpu District

黄埔区二分块建筑 Zone 2, Huangpu District

番禺区、南沙区 Panyu District and Nansha District

番禺区一分块建筑 Zone 1, Panyu District

萝岗区 Luogang District

花都区 Huadu District

从化市 Conghua

增城市 Zengcheng

广州建筑概说

广州是广东省省会，广东省政治、经济、科技、教育和文化中心。广州简称穗，别称羊城、花城，位于广东珠江三角洲北部，范围为东经 112° 57′ 至 114° 3′ ，北纬 22° 26′ 至 23° 56′ ，总面积 7434.4 平方公里，濒临南海，毗邻香港和澳门，是华南地区的交通通信枢纽和贸易口岸、中国南方最大的城市，也是国家级历史文化名城。

广州地势东北高，西南低，北和东北部是山区，中部是丘陵和台地，南部是珠江三角洲冲积平原。广州属亚热带季风气候，夏无酷暑，冬无严寒，雨量充沛，四季常春。全市平均气温 20 ～ 22℃，平均相对湿度 77%，市区年降雨量为 1600 毫米以上。

广州历史悠久，古为“百越”之地，周朝时归服于楚称为“楚庭”。周赧王时，在南海之滨筑城，称南武城。秦始皇三十三年（公元前 214 年）派大军征服岭南，设置南海郡、桂林郡和象郡，其中南海郡辖番禺、四会、博罗、龙川 4 县，南海郡治和番禺县治即今广州市。任嚣任南海郡尉，筑番禺城，俗称“任嚣城”，这座小城在今广州仓边路一带，是广州设立行政区和建城的开始。汉初，赵佗接管南海郡，自立为南越武王，效仿秦皇宫室苑囿，于广州越秀山下建王宫，并在越秀山上筑越王台和歌舞冈。南越国王朝历经五世 93 年。广州市的秦汉考古，1983 年 8 月在广州解放北路象岗山发现了西汉南越王墓，出土文物有 1000 余件（套）；1995 至 1997 年间发现了西汉南越国宫署御苑遗址，这是目前我国发现年代最早的宫苑实例，所发掘的南越国宫署御苑遗址里，筑有石砌大型仰斗状水池、鼋室、石渠、平桥与水井、砖石走道等。这是广州考古史上空前的重大发现，也是中国汉代考古的重大发现。

汉武帝元鼎六年（公元前 111 年），汉朝征服南越国，设立九郡，而南海郡治仍设在番禺。秦、汉时期广州城池修筑主要为防御功能和政治功能兼顾的郡县城。而建筑形式，从广州汉墓出土的明器陶屋造型看，多以干阑式建筑为主，也有日字形平面和曲尺形平面的住宅。在这一时期，建筑特色主要以岭南本土文化为主。

三国吴黄武五年（226 年），孙权分交州（治所龙编，今越南河内）7 郡中的南海、苍梧、郁林、合浦 4 郡置广州，治所番禺（今广州市），命吕岱为刺史。这是广州之名第一次出现，但其范围远远超过今天的广州市，地跨今天广东、广西两省，番禺属于南海郡。晋、南北朝沿用南海郡。隋文帝时废南海郡，置广州总管府，仁寿元年（601 年）因避太子杨广之讳而改为番州。大业三年（607 年）复置南海郡，属番州。唐武德四年（621 年）复置广州，初为总管府，后改都督府。唐贞观元年（627 年），分全国为 10 道，其中岭南道治所设在广州。天宝元年（742 年），广州改为南海郡；乾元元年（758 年）复称广州。咸通三年（862 年）岭南分东、西二道，广州为岭南东道治。唐朝广州州治在南海县，原番禺县（今广州市番禺区）西北，即今天广州市中心地区。

西晋太康二年（281 年），西竺僧迦摩罗到广州建三皈、仁王两寺，这是广州建佛寺的开始。梁大通元年（527 年），南天竺高僧菩提达摩到广州传播禅学，为禅宗初祖，后人把达摩登岸地方叫西来初地，并修建西来庵（今华林寺）作为纪念。梁大同三年（537 年），内道场沙门昙裕法师自海外求得佛舍利回广州，在宝庄严寺（今六榕寺）建塔瘗藏，这是广州最早的佛塔。

位于市区的光孝寺，是广东最古老的建筑之一，初为西汉越王赵建德的故宅。三国时吴国官员虞翻居之，在此聚徒讲学，种植有许多频婆和诃子树，故称为“虞苑”，又名“诃林”。虞死后，家人施宅作庙宇，名制止寺。唐仪凤元年（676 年），高僧慧能在寺戒坛前菩提树下受戒，开辟佛教南宗，称“禅宗六祖”。宋绍兴二十一年（1151 年），改名光孝寺。寺内原有十二殿、六堂、钟鼓楼等。现存主体建筑有大雄宝殿、六祖殿、伽蓝殿、天王殿、东西铁塔、法幢等古迹，昔日雄伟规模依然可见。

古代广州历史上有“三朝十帝”，南汉为其中一朝。唐朝末年，各地藩镇割据，广州刺史刘隐面对中原无主的混乱局面，自立为王，号称“大越”。五代十国时期，公元 917 年，其弟刘岩（刘龑）即位，第二年改称为“汉”，史称“南汉”。自刘岩（刘龑）起，历经刘玢、刘晟、刘鋹四主，共 55 年。三国至唐末五代时期，广州城向南扩大，因临近江边，常为洪水所淹，南汉王凿禺山，取土垫高，拓展城垣，为新南城。

南汉初期，政局安稳，物阜民丰。南汉王投以钱财物力扩展王城，精心兴建园林宫馆，已知有苑囿 8 处、宫殿 26 个。《新五代史 · 南汉世家》称：“故时刘氏有南宫、大明、昌华、甘泉、玩华、秀华、玉清、太微诸宫。凡数百，不可悉记。”南汉内宫中更有昭阳殿、文德殿、万政殿、乾和殿、乾政殿、集贤殿，景阳宫、龙德宫、万华宫、列圣宫等，在乾政殿的西面，还有景福宫、思元宫、定圣宫、龙应宫。《五国纪事》对昭阳殿的奢侈做有细致的描述：“以金为仰阳，以银为地面，檐、楹、榱、桷皆饰以银，殿下设水渠、浸以珍珠，又琢以水晶、琥珀为日月，列于东西两楼之上，亲书其榜”。由此可见宫殿之豪华瑰丽。

南汉宫城禁苑中，最著名的当数南宫仙湖药洲。药洲仙湖因位于当时广州古城之西，所以又称西湖，是南汉较大园林工程之一，由南汉主刘岩始建。西湖水绿净如染，湖中有沙洲岛，栽植红药，刘岩还集中炼丹术士在岛上炼制“长生不老”之药，故称药洲。

药洲上放置有形态可供赏玩的名石九座，世称“九曜石”，比拟天上九曜星宿，寓意人间如天宫般美，使药洲仙湖成为花、石、湖、洲争妍斗艳的园林胜景。此外，南汉主刘鋹还在城西荔枝洲（今荔湾湖一带）大肆兴建园林宫馆，有华林苑、昌华苑、芳华苑、显德苑等，合称为西园。

隋唐南汉时期岭南建筑的发展，突出体现在城市建设（南汉王宫）、寺庙建筑等方面。在南汉王国封建割据的政治中心兴王府，掀起规模空前的都城建设，宫殿、寺庙、园林建筑迸发出一时的辉煌。在融入中原建筑文化的基础上，已经渐趋自觉地雕琢着岭南特有的建筑风格，对宋以后的岭南建筑有着较为重要的影响。在岭南建筑诸类型中，唯宗教建筑始终为盛，今存的岭南古代寺庙建筑，如广州光孝寺大殿，尚可见到唐之遗风。隋、唐敕建南海神庙，规模宏大，虽后世屡有修建，基本规制却无以逾越。南汉时期佛教建筑遗构，有今存于广州光孝寺的西铁塔和东铁塔，是一批全国现存有确切铸造年代的最早的铁塔，形体硕大，工艺精湛。

广州是中国古代对外贸易的重要港口。汉代时已经和海外一些国家有了贸易往来。在广州象岗发现的南越文王帝陵墓，出土银盒以及玛瑙、水晶等多种质料的珠饰，有些是中亚或南亚的舶来品。梁朝时，每年来到广州的各国商船有10多批。唐代广州成为世界著名的港口，对外贸易范围扩大到南太平洋和印度洋区域诸国。为了加强对外贸易的管理，在这里设置了中国最早的外贸机构和海关“市舶使”，总管对外贸易。另外还有“蕃坊”，供外国商人居住，侨居广州的外商（主要是阿拉伯人）数以万计，最盛时达10万人以上。他们信仰伊斯兰教，所以在蕃坊修建了伊斯兰教寺——怀圣寺。从五代到北宋，广州已成为中国最大的商业城市和通商口岸，贸易额占全国98%以上。

宋元时期是广州大规模开发的时期，汹涌南下的移民潮，使岭南产生重大的变化，大大缩小了岭南社会生活同岭北中土的差距，至南宋以后，基本达到同步发展。宋元以后岭南的居民已衍化为以汉族为主体。与北方相比，南方显得更为稳定繁荣。在这种背景下，岭南建筑呈现出蓬勃向上的新气象。

宋代时广州城垣修建多达十数次。北宋时先后修筑了中、东、西三城，面积为唐城4倍以上，奠定了延续至明清的城墙基本格局。中城又称子城，是以南汉旧城为基础，东抵甘溪，西抵古西湖，南至大南路，北至越华路，周长2.5公里。东城以赵佗城东部旧址为基础，西接子城，东至芳草街，北至豪贤路，南抵文明路。1071年增筑西城，周长6.5公里余。广州宋城设施更为完善，中、东城皆以官署为中心，街道布局呈丁字形，而面积最大的西城建为呈井字形的商业市舶区，并修通了城市供水、排水系统“六脉渠”，使延入城中的南濠、清水濠和内濠等河涌兼有通航、排涝及防火功能。1995年在广州中山五路地铁工地地下2米深处，发现宋代城墙遗迹，顶宽约3米，城墙砖经过烧制，较唐以前使用的黏土压成的坯砖坚硬。广州宋城城内建筑也很雄伟，中城城门双门被称为“规模宏壮，中州未见其比”。

有宋代木构建筑遗风的广州光孝寺大雄宝殿，基本符合宋代官方颁布的建筑规范《营造法式》的规定，斗栱配置、梭形柱、檐柱侧脚、生起等做法，较为完整地保留了宋代木构架形制，在局部装饰上则呈现出地方特色。中国砖石塔建筑结构，到宋代达到顶峰，广州六榕花塔采用了穿壁折上式结构，是一种相当先进的结构。六榕花塔既体现宋塔特色，又更有岭南地方色彩，对岭南的楼阁式塔发生深远的影响，后将这类塔称之为“花塔”，宋代岭南建筑的蓬勃发展，也表现在雕塑工艺水平上，广州光孝寺大殿后石栏杆望柱头石狮，为南宋遗构，雄健威严。

元代时朝廷下令修复广州城隍，整治濠池，架设桥梁。明代洪武和嘉靖年间，广州曾两次扩建城墙。第一次扩建时，把宋代三城合而为一，称老城，周长 10.5 公里。明后期，又在老城南增筑新城，今万福路、泰康路和一德路为新城的南界。清顺治三年（1646 年），在外城南面加筑了较小的东西两翼城。辛亥革命后开始拆除改作马路，至 1922 年全部拆除，现仅残留越秀山上五层楼附近一段城垣，供人观瞻。

鸦片战争以前的明清时期，中国的封建政治、经济、文化发展到了顶峰。岭南建筑文化也形成具有鲜明地方特色的体系，随着社会生活的变化，建筑种类扩展，建筑布局趋向大型组群，建筑装饰达到高超的水平。明清时期城市建设连续不断。除了兴建或扩建城墙，还相应兴建了宏伟壮观的城市景观建筑，如广州誉为岭南第一楼的镇海楼等。明洪武十三年（1380 年），永嘉侯朱亮祖在越秀山上建镇海楼，又名望海楼，俗称五层楼，为我国四大镇海楼之最，大楼雄踞山巅，为广州的标志建筑，历代多次被评为“羊城八景”之一。各类宗教坛庙建筑如雨后春笋般出现，兴建了广州海幢寺等一大批寺庙。而广州光孝寺、华林寺、三元宫、纯阳观、五仙观等一批名寺、观得到修葺，如光孝寺大殿从五间扩建为七间。关帝庙、天后庙、城隍庙、真武帝君庙等遍及岭南，地方性神祇的三山国王庙、龙母庙、金花娘娘庙等也越建越多，不可胜数，其中广州仁威庙以堂皇富丽而凸显。

清嘉庆十二年（1807 年），英国伦敦传道会派传教士马礼逊来广州传教，他是基督教第一个进入中国的外国传道会和传教士，在广州译出第一本中文圣经，并于清道光十八年（1838 年）在广州成立全国最早的在华医药传道会。清道光十七年（1837 年），英国义律任驻华商务监督和政府全权代表到达广州，执行领事职责，是为广州外国领事之始。晚清后期至民国时期岭南建筑，融入了西方的建筑文化特点。其实在明后期及前清，岭南已开始出现西式建筑，由于广州一直是明代通商口岸，较早受到外来文化的影响，出现了西式建筑十三夷馆以及用欧洲人物形象、罗马字钟、大理石柱为建筑装饰，采用套色玻璃等进口材料。广州沙面、香港、澳门、广州湾（今湛江）被租借或割占，西方文化加大了传入的势头。直至清末，在岭南兴建了一批西式建筑，有教会兴建的教堂及附属的医院、学校、育婴堂、修道院等，广州石室是远东最大的哥特式石构教堂。广州沙面一带有外国人居住的领事馆、别墅，还有海关和银行、商行等金融、贸易机构。清末，近代交通发展，广州建有火车站、汽车站及港口码头等。城市出现了一批中西结合的住宅、园林、茶楼、酒家等建筑。开始采用混凝土、钢材等建筑材料和近代建筑技术，光绪三十一年（1905 年）建成的岭南大学马丁堂，是中国最早采用砖石、钢筋混凝土结构的建筑物之一。

1911 年 4 月 27 日，在广州发生黄花岗起义，吹响了推翻清朝政府的冲锋号。1912 年（民国元年）废广州府。1918 年设广州市政公所。1918 年 10 月 19 日，市政公所发出第一号布告，宣布将拆除全部城墙，将旧城墙基开辟为马路。1921 年 2 月 15 日《广州市暂行条例》公布实施，广州市政厅成立，孙科任广州市首任市长，广州也因此成为中国第一个市。1930 年，广州曾一度改设特别市，同年改省辖市。从清末到民国时期，传统形式的建筑仍有所修建，但结构、装饰趋向简化。民国初年，大规模拆城墙建马路，迅速形成以骑楼为主要特征的街市。公园、戏院等公共场所的开辟，令城镇面貌有大的变化。在广州，民国 11 年（1922 年）建成岭南第一座混凝土结构高层建筑大新公司，高 12 层、50 米；民国 26 年（1937 年）建成岭南第一座钢框架高层建筑爱群大酒店，高 15 层、64 米多，都是当时被称为岭南建筑之冠的高层建筑。另外，还建成中山纪念堂、广州市府合署大楼等一批大型公共建筑物。

这一时期的建筑，处于激烈演变的阶段，建筑风格主要有三大类：1）传统建筑。在岭南的许多地方仍有修建，比如修建宗祠、庙宇等，仍沿袭传统形制，采用传统的工艺技术。当然，也不是全部一成不变。如有的雨亭、梁桥，就采用了混凝土与砖石结合混合结构，在局部装饰上，有的采用了西方纹饰。2）西式建筑。进入 20 世纪后，在城市中出现行政、会堂、金融、交通、文化、教育、医疗、商业、服务行业、娱乐业等各种半封建半殖民地社会公共建筑的新类型，如银行、领事馆、海关、百货大楼、大酒店、图书馆、博物馆、火车站、邮电局等。广州的沙面、长堤一带最为集中，呈现出西方不同国家不同时期的风格。沙面租界现存的 150 多幢西式建筑，有新古典式、新巴洛克式、券廊式、仿哥特式等。新古典主义风格的有粤邮政大楼、粤海关大楼、大新公司、嘉南楼、广东大学大钟楼等；古典折衷主义风格的有省财厅大楼、广东咨议局等；还有现代风格的永安堂大厦、爱群大厦等。东山一带则是近代“花园式洋房”的集中地。3）民族固有形式建筑。以吕彦直、杨锡宗、林克明为代表的中国建筑师，探索民族形式与新的建筑材料、建筑功能的结合设计，代表性建筑有中山纪念堂、市府合署大楼、中山图书馆北馆（孙中山文献馆）、中山大学（今华南理工大学、华南农业大学）的一些课室和宿舍，这类建筑与原来的民族传统建筑造型和功能状况都有了很大的差异。同时，西方传教士为了面向中国人传教，在教会建筑上采用了中西合璧的形式，突出了中国传统建筑的大屋顶，在门窗、基座、栏杆上也采用了斗拱、雀替、云鹤纹望柱头等中国传统的装饰手法，其代表性建筑有岭南大学（今广州中山大学）。

1949 年新中国成立，国家经济非常困难，百业待兴。在建筑方面，首要任务是改善人民生活条件，如改善居住环境、改造市政设施等，并重点进行一些必要的建设。广州在 1950 年修复了国民党军队逃跑时破坏的海珠桥。在被炸毁的黄沙灾民区空地上建造了半永久性的华南土特产展览会各陈列馆（后改为文化公园），进行农业物资交流，以恢复和促进生产，陈列馆的建筑面貌则呈现出各种风格，其中轻巧、自由的水产馆建筑因具有当代的岭南特色而保留至今。在珠江岸边建起了渔民新村，解决了珠江船上渔民长期不能定居在岸上的游离生活。

中央根据当时我国国情，制定了“适用、经济，在可能条件下注意美观”的建筑方针，对我国当时建设情况起到了决定性指导作用。一大批有影响的各类建筑陆续建成。以广州来说，有广东科学馆、广州苏联展览馆、广州出口商品陈列馆、华侨新村住宅区、中山医学院生理病理实验楼等。

20 世纪 60 年代，广州岭南新建筑的实践有了初步成效，园林建筑类有广州白云山山庄客舍、双溪别墅等，公共建筑类有广州友谊剧院、广州宾馆等。70 年代，全国建设正处于一片萧条之中。由于国家外贸的需要，亟须建立一个进出口商品贸易场所来促进国际经济交往。经过周密考虑，中央决定在地理环境、历史条件及民间交往都比较有利和条件适合的南方城市——广州作为国际外贸基地，广州新建筑就在这样的环境下得以产生和发展。广州流花湖地区新建了一大批建筑，包括广州出口商品交易会陈列馆、流花宾馆、东方宾馆新楼、中国大酒店，以及为了新区发展而建的广州火车站、广州电讯电报大楼、广州邮政枢纽站大楼等。

改革开放后，20 世纪 80 年代的广州，经历了 70 年代的建设和发展，港澳同胞和海外侨胞对家乡的踊跃投资，先进技术和文化不断进入岭南地区，灵活、实用、兼容、竞争等现代意识不断加强，经济迅速发展，使其已经从一个地区性的中心城市跃进为全国重要大城市之一。到 80 年代末，建筑事业得到空前的发展，其中代表性的实例有：广州白天鹅宾馆、中国大酒店、华侨酒店、广州南湖宾馆、广州南越王墓博物馆、广州儿童活动中心等。

岭南新建筑，尤以广州新建筑为代表，具有明显区别于中国其他地域的文化特征，建筑注重自然美与人文美之结合，努力顺应地理气候条件和人们的生活方式，建筑布局开放，空间组织灵活，造型新颖别致，形成了一种多元统一的鲜明特征。由于气候条件的影响，庭院小院成为传统民居生活之必需，故建筑与庭院历来相辅相成。随着社会经济水平的提高，园林类型不断更新发展。

许多建筑结合园林、结合环境进行处理。广州许多旅馆建在环境优美的景区，如白云山庄、双溪别墅等，客舍的内部也都设有庭园，有的更在房间内设露天式小庭园，并设置叠水景观，使生活在房内感到惬意、舒适。城市旅馆建筑与庭园的结合实例也很多，如广州三元里的矿泉别墅、广州东方宾馆、白云宾馆等，这些建筑内部带有庭园，与建筑结合都比较自然和谐，反映了岭南建筑的特色。而其他公共建筑带有庭园的也不少，如广州友谊剧院减少休息厅的面积，而用露天庭园来代替。

这时期广州建筑的特色主要反映在建筑与庭园的结合上更趋成熟，充分发挥以庭园为中心的建筑空间作用，以及多庭园在建筑中的联系纽带和景观作用。通过多个庭园之间的联系、分隔、空间之间的交融、渗透、露藏、收放，增强了建筑的生活气息和艺术感染力，并丰富了建筑与庭园的持续景观。庭园中吸收外来建筑造型、技术和手法，使建筑与庭园处理更富有现代感、艺术感，例如许多新建筑底层采用架空支柱层等。新建筑的平面布局，在继承传统庭院格局的同时，取消封闭式，改为开敞式或半开敞式，而且将庭院引入室内，布置池水、山石、花木，如广州白天鹅宾馆的“故乡水”中庭、广州文化公园的“园中院”等。

广州新建筑由于经济的持续发展，在 20 世纪 90 年代后至今，又获得了新的机遇和挑战，建筑师发挥出充分的智慧和能力，营建了大批的新建筑，其质量达到了国内先进水平，有些建筑达到了国际先进水平。在城市建设方面，加大市政设施的投入，包括桥梁、地下铁道、高速公路、供水设施、煤气站，以及园林、绿化等。超高层建筑的发展，从广州市长大厦、中信广场等到 21 世纪建成的广州新电视塔、广州珠江新城西塔等。珠江新城西塔超高层建筑达 432 米，楼高位列世界第六、中国内地第二，在世界超高层建筑中占有一席之地。大跨度建筑发展首先是公共性的大型建筑，如会展中心、体育中心、车站、航空港等。2001 年建设的广州新白云国际机场是国内规模最大、功能最完善的民航中枢机场，新机场航站楼占地 30.4 万平方米，为国内各大机场之最。2004 年建成的广州国际会议展览中心濒临珠江，建筑总面积达 70 万平方米，占地面积 92 万平方米，建筑造型卷曲流畅，新颖别致，与珠江滨水环境相融。

文化教育建筑得到重视和发展，从 20 世纪 90 年代兴建的广州购书中心、广州岭南画派纪念馆、广东美术馆、广州星海音乐厅、广州红线女艺术中心等，到近年来建成的广州市第二少年宫、广州新图书馆、广州市歌剧院、广东省博物馆新馆等。这批新建的文化建筑设在广州珠江新城，与珠江新城同步建设，打造广州新的城市中轴线。

广州市歌剧院与广东省博物馆新馆位于珠江北岸，城市新中轴线的两侧，左右呼应。广州市歌剧院外部造型独特，黑白两块大小不同体积的“石头”，象征着广州悠久文化的珠水珠石。广东省博物馆新馆外观以传统中国宝盒为设计概念，建筑造型新颖，富有特色。

商业区、住宅小区发展迅速，如广州天河城、正佳广场等商业大夏获得较大发展。各种住宅楼盘一个接一个建成，它包括现代派建筑、外国古典式建筑、外国中世纪式建筑，现在又兴起“中国风”，即用传统建筑文化特色来建造新式楼盘。三旧“旧城、旧村、旧厂房”的改造加快了原有城市风貌的变化，广州荔湾区芳村的信义国际会馆原为 20 世纪五六十年代建设的水利水电大型机械制造厂，2005 年对工厂部分厂房进行了重整，保留其基本结构，以现代风格来改造房屋的门窗、墙面及建筑细部，使建筑以新的姿态呈现在人们面前。大学城外环路南端的旧村落练溪村，村内原民居已遭毁坏，为了保护岭南古村落特色，对该村落及其民居、祠堂采取了保护原肌理、原街巷景观的原则进行改造，外貌采用岭南广府传统建筑文化特色，建成岭南印象园，以满足大学城文化生活和城市文化休闲旅游之需要。

第 16 届亚运会将于 2010 年 11 月 12 日至 27 日在中国广州进行，这是中国第二个取得亚运会主办权的城市。广州以一流的组织、一流的设施、一流的环境、一流的服务，力求将本届亚运会办成具有中国特色、广东风格、广州风采，祥和、精彩的体育文化盛会，为提高亚洲体育运动水平作出贡献。广州在现有 32 个体育场馆的基础上新建 11 座体育场馆，以满足此次洲际大型运动会的需要。届时主要的场馆包括：广州奥林匹克运动中心、广州天河体育中心、广州体育馆等。新建的广州亚运城（媒体村、运动员村、技术官员村）建筑群与环境配合，形成优美的岭南水乡环境格局。相信通过第 16 届亚运会，将增进亚洲各国（地区）人民之间的友好情谊，也将进一步提升广州的综合竞争力、国际知名度和影响力。

广州市行政区示意图

Guangzhou Administrative Region Sketch Map

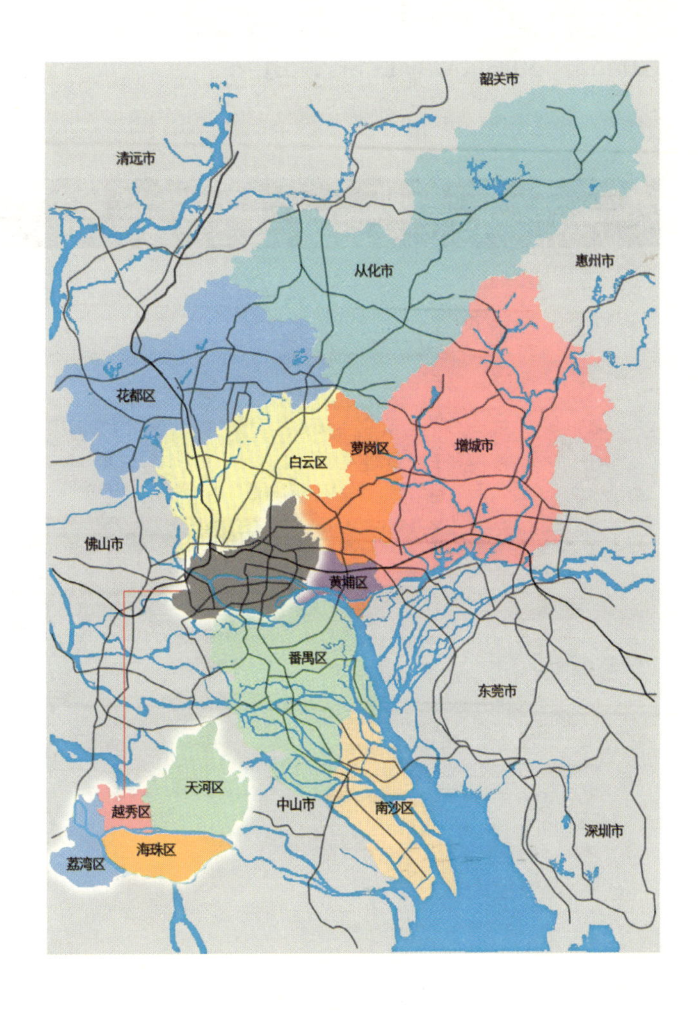

广州地铁1～5号线

Guangzhou Subway Lines No.1–5

越秀区
Yuexiu District

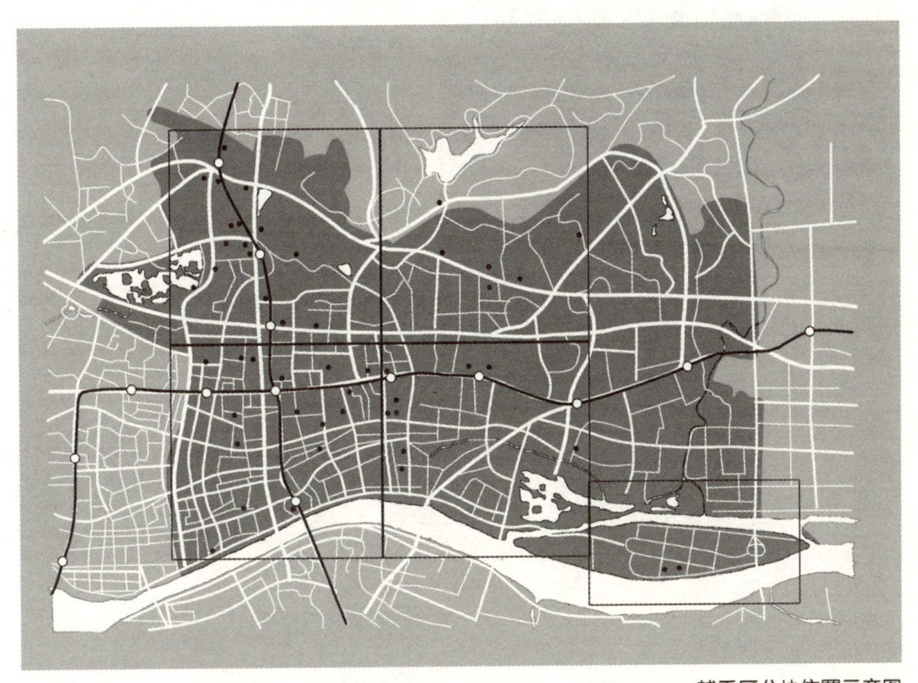

越秀区分块位置示意图

越秀区一分块建筑

Zone 1, Yuexiu District

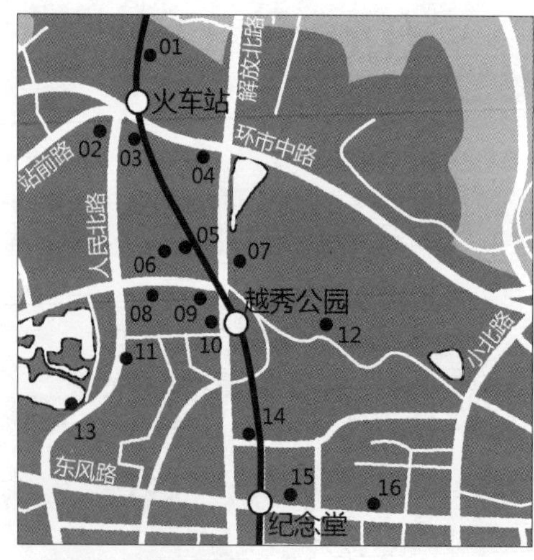

越秀区建筑位置示意图 1

01 广州火车站
02 流花宾馆
03 友谊剧院
04 兰圃
05 清真先贤古墓
06 中国出口商品交易会流花展览馆
07 越秀公园
08 东方宾馆
09 中国大酒店
10 西汉南越王墓博物馆
11 广东广播中心
12 镇海楼 / 广州城市博物馆
13 流花湖公园
14 三元宫
15 中山纪念堂
16 广东大厦

01 广州火车站
Guangzhou Railway Station

建筑类型：交通建筑（Transit Architecture）

建造时间：1974 年

地址位置：环市西路 159 号（159 Huanshi Xi Lu）

交　　通：地铁 5 号线到广州火车站 B 出口；公交（广州火车站总站）31、52、180、201、210、211、228、254、257、275、529、552、803、805、807、840、862、B2、B10 路。

广州火车站是全中国铁路枢纽之一，华南地区最大的铁路客运站，京广铁路、广深铁路及广茂、广梅汕铁路交会在此。

广州站的原址在大沙头，1946 年建，是当时广九（龙）铁路的终点站，而广三（水）铁路的终点站在石围塘火车站。1951 年广州站迁至白云路，称广州东站。广州火车站落成启用初期每日只到发列车 35 对。而目前广州火车站日均到发旅客列车 89.5 对，候车能力日均达到 2.2 万人 / 次。春运高峰最高日发送（2004 年 1 月 18 日）19.6 万人次，最高日到达（2002 年 2 月 20 日）30.4 万人次；高峰期平均每 3.52 分钟接发一趟列车。

1974 年建成的车站大楼中部为四层，两翼为二至三层。大楼建筑总面积是 28660 平方米，其中首、二层是直接为旅客服务的面积，共占约 2 万多平方米。首层主要是大广厅，售票厅，行李包裹托运、提取间，母婴候车室和普通候车室等，层高为 6 米；二层主要是贵宾候车室、软席候车室、快车候车室，以及小卖部等，层高为 8 米。整个大楼内部光线充足，通风良好，空间开阔，明朗整洁。现在车站大楼基本保留原有风貌。

02 流花宾馆
Liuhua Hotel

建筑类型： 宾馆（Hotel）

建造时间： 1972 年

地址位置： 环市西路 194 号，环市西路与人民北路交会处（194 Huanshi Xi Lu, at the Juncture of Huanshi Xi Lu and Renmin Bei Lu）

交　　通： 地铁 5 号线广州火车站 D4 出口；公交（流花车站）231 路，（广州火车站总站）31、52、180、201、210、211、228、254、257、275、529、552、803、805、807、840、862、B2、B10 路。

广州流花宾馆地处广州市的交通要冲，是一家四星级商务酒店。因靠近流花湖畔，故名。宾馆占地面积 2.6 万多平方米，建筑面积 3.6 万平方米。宾馆分南、北楼两座，均为 7 层钢筋混凝土框架结构。

由于其毗邻中国出口商品交易会流花展馆（已于第 104 届起停止使用），自建成后一直以接待广交会来宾为主。

03 友谊剧院
Friendship Theater

建筑类型： 观演建筑（Theatre）
建造时间： 1965 年
地址位置： 人民北路 698 号（698 Renmin Bei Lu）
交　　通： 地铁 5 号线到广州火车站 D4 出口；公交（人民北路站）5、7、31、38、42、83、180、181、211、823 路，（站南路站）5、30、207、238、251、260、290、301、518、530、543、552 路。

友谊剧院坐东朝西，与中国出口商品交易会相邻，可作戏剧、歌舞、电影等演出使用。刚建成时总建筑面积为 6370 平方米，座位 1609 座。剧院平面紧凑，节约面积，合理确定观众厅的高度，以缩减整个剧院的建筑空间，既满足观众对声、光、视线及空调等的要求，又节约造价，并根据南方气候特点组织庭院作中场休息活动场所。

友谊剧院将岭南传统特色的庭院、园林有机地融合于现代建筑之中，素有“庭院式剧院”的美誉。接待过英国皇家芭蕾舞团等近百个国家和地区的艺术团体，以及上千个我国中央与省级剧团，接待过许多国家的元首及我国党、政、军领导人观看演出，在国内外享有较高的声誉。

现友谊剧院重新扩建整修，以新的面貌迎接观众。

04 兰圃
Lanpu Park

建筑类型： 主题公园（Garden）

建造时间： 1951 年

地址位置： 解放北路 901 号（901 Jiefang Bei Lu）

交　　通： 地铁 2 号线到越秀公园 B2 出口；公交（越秀公园站）5、7、21、24、42、58、87、101、109、113、124、180、182、185、186、211、244、265、273、284、519、528、549、552、555、556 路。

兰圃总面积 5 万多平方米，栽有 200 多个品种、近万盆兰花。兰圃初期是植物标本园，1957 年才改作专业培育兰花。兰圃兰花共分三棚，第一、第三棚以栽培地生兰为主，花淡而清香；第二棚主要是气生兰，花艳而少香。圃内还有其他名贵花卉 4000 多盆。

园内造园富有岭南地域风格，有拱门、堆山、砌石、长廊、水榭等，造园根据地势起伏，设置溪池瀑布、石道小桥，植以茂林修竹，使景物交错，步移景异，具有小中见大之艺术效果。景点著名的有惜荫轩、春光亭、芳华园、明镜阁等，其中芳华园是中国参加慕尼黑国际园艺展的中国庭园缩景，以占地少、景点多而闻名于世。

05 清真先贤古墓
Mausoleum of Moslem Masters

建筑类型：陵墓建筑（Mausoleum）
建造时间：唐代（Tang Dynasty）
地址位置：解放北路兰圃西侧（The West side of Lanpu, Jiefang Bei Lu）
交　　通：地铁 2 号线到越秀公园站 B2 出口；公交（越秀公园站）5、7、21、24、42、58、87、101、105、108、109、124、180、182、185、186、211、244、265、273、284、519、528、549、552、555、556 路。

清真先贤古墓，阿拉伯著名伊斯兰教传教士塞尔德 · 艾比 · 宛葛素在广州归真后，安葬于此。墓建于唐贞观三年（629 年）。

墓园四周青砖高墙环绕，内作庭院式布局，占地面积约 2000 平方米。陵墓附近亦为历代知名的伊斯兰教徒墓地。还有一块元代高丽（今朝鲜）人氏穆斯林剌马丹的阿拉伯文墓碑，碑石上刻有一行中文，记载着墓主死于元至正九年（1349 年），距今已有 600 多年历史，这是广州发现的最早的阿拉伯文碑铭。

墓室坐北向南，形制上圆下方，宽深约 6 米，地板砌黑白相间的小瓷砖，东西墓壁各有一小窗，墓壁极厚。室内筑成拱顶为穹隆形，犹如悬钟，在里面诵经传声洪亮，故又称“响坟”。墓建于唐贞观三年（629 年），墓室正面开一小门，门额上书“宛葛素墓”。

墓园周围广植花木，墓室西、南面还建有拜殿、方亭等房舍。

06 中国出口商品交易会流花展览馆
China Import and Export Fair Liuhua Complex

建筑类型： 展览建筑（Convention Center）

建造时间： 1974 年

地址位置： 流花路 117 号（117 Liuhua Lu）

交　　通： 地铁 2 号线越秀公园站 C 出口；公交（解放北路口站）5、7、42、180、186、211 路。

中国出口商品交易会位于人民北路与解放北路之间，南向东方宾馆。其展馆以新建的南楼、西楼、北楼、东楼、服务楼及经扩建的原工业展览馆旧楼组成。1974 年全部竣工。总建筑面积为 11 万平方米，建筑基地约 8.4 公顷。

南、西、北、东 4 幢主楼均建 4 层。首层、二层一般作展览用，三四层作业务洽谈和办公之用。南楼为主入口，其余各楼亦设有独立的出入口，各楼既独立成馆，内部又互相连通，便于联系。来宾可以按各自需要，直接参观与洽谈。由于各主楼纵横连接，形成若干大小院落。北内院设服务楼，内设邮电、书店、卖品、餐厅等部门及电影厅。园林绿化布置形成较好的休闲环境。

07 越秀公园
Yuexiu Park

建筑类型： 城市公园（City Park）

建造年代： 1926 年

地址位置： 解放北路 988 号（988 Jiefang Bei Lu）

交　　通： 地铁 2 号线至越秀公园站 B2 出口；公交（越秀公园站）5、7、21、24、42、58、87、101、105、108、109、113、124、180、182、185、186、211、244、265、273、284、519、528、549、552、555、556 路。

越秀公园是全市面积最大的综合性公园，面积约 86 万平方米，包括 3 个人工湖、7 个山冈，为五岭余脉最末的丘陵。越秀公园内现有明镇海楼、明古城墙、清四方炮台、民国中山纪念碑、五羊雕像等各个历史时期的名胜古迹。园内山水相依，水域面积达 5 万余平方米，北秀、东秀、南秀 3 个人工湖景色幽美。湖心筑有小岛，湖与湖间拱桥连接，楼阁、轩榭、曲廊小巧玲珑，充分展示了岭南建筑特色。

1911 年辛亥革命后，孙中山常在越秀山读书治事，在 1921 年 12 月孙中山就任临时大总统时曾下令把越秀山辟为公园。1922 年，当时的广州市工务局拆卸观音山（越秀山）的碉堡等军事建筑，开路建亭。1925 年市府令工商局于观音山筹建孙总理纪念园。1926 年，广州市民自动发起公园游艺会，筹款建公园。同年 12 月越秀公园开放。

越秀山内有许多的历史古迹。其古城墙建于明洪武年间，全长 1179 米，是广州现存的最古老城墙。山上中山纪念碑建于 1929 年，由著名的建筑师吕彦直设计，整座碑由花岗石砌成，碑高 37 米，外呈方形、尖顶。仲元楼为纪念辛亥革命将领邓仲元而建，现为广州博物馆展区，建筑形式为绿琉璃瓦庑殿屋顶、水泥结构的斗栱和飞檐，额枋有彩绘，墙体为水磨青砖砌筑。

越秀山五羊石像是广州市的市徽。雕像高 11 米，用 130 块花岗石雕刻而成。以 4 只形态各异的小羊簇着 1 只口衔稻穗的高大母羊造型，再现了羊化为石、把稻穗赠给广州人民的传说。

08 东方宾馆
Dongfang Hotel

建筑类型： 宾馆（Hotel）
建造年代： 1962 年
地址位置： 流花路 120 号（120 Liuhua Lu）
交　　通： 地铁 2 号线越秀公园站 D1 出口；公交（解放北路口站）5、7、42、180、186、211 路。

广州东方宾馆，东邻越秀山、西依流花湖，与中国出口商品交易会、锦汉展览中心隔路相望。东方宾馆原称羊城宾馆，1960 年设计，1962 年竣工。现东方宾馆占地 6 万平方米，建筑面积 12 万平方米。经过 2005 年的全面改造，宾馆现已成为一间全新的商务会展酒店。这里配备远程会议和同声传译系统的多功能会议室，可容纳 2000 余人会议和宴会的亚洲最大酒店内会展大厅，环境幽雅的中餐厅、法式西餐厅、自助餐厅，1 万平方米的绿色中庭花园，阳光花园泳池、壁球室等健身康乐专业设施。

09 中国大酒店
China Hotel

建筑类型：宾馆（Hotel）

建造时间：1984 年

地址位置：流花路 122 号，流花路与解放北路交会处（122 Liuhua Lu, at the Juncture of Jiefang Beilu and Liuhua Lu）

交　　通：地铁 2 号线越秀公园站 D2 出口；公交（解放北路口站）5、7、42、180、186、211 路。

广州中国大酒店由广州市设计院设计，楼高 18 层，拥有标准间 888 间套，有各种风味餐厅，室外游泳池等休闲设施及各种大小会议室，是广州最早的五星级酒店之一，与广州火车站及交易会馆、流花湖公园在同一区域，地理位置非常好，是广州由国际管理集团管理的五星级酒店，更是万豪国际集团在这个发展迅速的大都会的旗舰酒店。酒店楼下有名牌服饰一条街，还有咖啡馆，购物、休闲、交通都很方便。

10 西汉南越王墓博物馆

Nanyue Royal Tomb Museum

建筑类型： 博物馆建筑（Museum）

建造时间： 1988 年

地址位置： 解放北路 867 号，越秀公园西面的象岗（867 Jiefang Bei Lu, Xiang Gang, West of the Yuexiu Park）

交　　通： 地铁 2 号线越秀公园站 E 出口；公交（解放北路站）5、7、42、180、284、549 路。

西汉南越王墓博物馆占地约 1.4 万平方米。全馆共有 10 个展厅，4800 多平方米。

南越王墓是岭南地区年代最早的一座大型彩绘石室墓，共 7 室，深藏于岗顶之下 20 米，1983 年 6 月被发现，是近年来我国重大考古发现之一。发掘后，墓室就地保护，并在其旁边辟建了西汉南越王墓博物馆。

南越王墓博物馆以古墓为中心，结合陡坡和山冈的地形，依山建筑，拾级而上，将综合陈列楼、古墓原址和主体陈列楼三个不同序列的空间，连接成上下沟通的、步步登高的一个整体，突出了古墓博物馆的群体气派。

博物馆在外形、装饰及用材方面也独具匠心，因陵墓的石室所用石材主要是红色砂岩，所以展馆的三个组成部分的外墙，也选用红砂岩作衬面。

11 广东广播中心

Guangdong Broadcasting Architecture

建筑类型： 办公综合楼（Office Integrative Architecture）

建造时间： 2001 年

地址位置： 人民北路 686 号（686 Renmin Bei Lu）

交　　通： 公交（流花公园）29、31、38、83、181、186、251、260、518、823 路。

广东广播中心所处地段集中了广州新中国成立以来城市建设各个阶段的代表性建筑，如东方宾馆、友谊剧院、中国出口商品交易会等。建筑设计采用高科技手法，用金属板材及低辐射玻璃作饰面材料，结合多体量组合的不对称构图方式，避免建筑体形的过分庞大和呆板，使建筑主体的城市天际轮廓线丰富轻灵。现建筑主体高度为 50 米，远期建筑高 100 米，共有 29 层，总建筑面积约 7.2 万平方米。其结构形式为无粘结后拉张预应力钢筋混凝土板柱结构。

12 镇海楼/广州城市博物馆

Zhenhai Tower/Guangzhou City Museum

建筑类型： 楼阁建筑（Ancient Chinese Watchtower）

建造年代： 明洪武十三年（1380 年）

地址位置： 越秀山小蟠龙岗（Xiaopanlong Gang, Yuexiu Mountain）

交　　通： 地铁 2 号线至越秀公园站 A 出口；公交（应元路站）211 路、旅游 1 线，（解放北路站）5、7、42、180、284、549 路。

广州越秀山镇海楼是中国内地保存较好的三座镇海楼之一，始建于 1380 年，现存的为 1928 年改建。

明永嘉侯朱亮祖扩建广州城时，把北城墙扩展到越秀山上，又在城墙上建高楼一座，楼分 5 层，故镇海楼又俗称五层楼。楼高 28 米，阔 31 米，深 16 米。当时珠江水面宽广，登楼而望，颇为壮观，先称“望海楼”，后易名“镇海楼”，镇是雄镇海疆之意。镇海楼原为木构，但 600 多年来屡遭损坏，数度重修。最后一次重修时，结构虽作改变，但砖石砌筑的墙壁基本为明代旧物。该楼东西两面山墙和后墙的一二层用红砂岩条石砌筑，三层及以上为青砖墙。底层石墙厚约 4 米，以上逐层递减，有复檐 5 层，绿琉璃瓦歇山顶上饰有石湾彩釉鳌鱼花脊，朱墙绿瓦砌成，巍峨壮观。

现楼前东西对峙的两只红砂岩石狮是民国初年拆城主路时从双门底（永清门）移来，为明代雕刻。

13 流花湖公园
Liuhua Lake Park

建筑类型： 城市公园（Park）
建造时间： 1958 年
地址位置： 东风西路 163 号（163 Dongfeng Xi Lu）
交　　通： 公交（流花公园站）29、31、38、83、181、186、251、260、518、823 路。

流花湖公园位于流花路以南，东风西路以北，人民北路以西。因湖东北有南汉古迹流花桥而得名。总面积 54 万平方米，其中水域面积 33 万平方米，有 3 大湖 4 小湖，以亚热带风光为主要特点。

流花湖公园现址相传是晋代芝兰湖，1958 年市政府建成流花人工湖，后辟为公园。公园划分为 4 个区：北区狭长，草地向两侧延伸，有榕荫游乐场、宝象乐园、羽毛球场、浮丘园、芙蓉洲等场所，此外还有一座面积 3000 多平方米的鸟岛，岛上聚集着上万只鹭鸟，并设有观鸟茶座和观鸟台；东区为西双版纳风光庭园——勐园，有瀑布、浣溪女、杜鹃园、南海渔村酒家；中区榕荫葵堤，有新光花园酒家、健身乐苑；南区毗邻广州少年宫，这里有大面积落羽松林，以及蒲林茶座、桃源饭店、阴生植物棚等设施，景色清幽。公园西端为盆景园，盆景园东面为著名的流花鸟苑。近年来，公园水域广植荷莲等水生植物，碧波芙蓉，蔚为壮观。

14 三元宫

Sanyuan Temple

建筑类型：道教庙观（Taoist Temple）
建造时间：东晋（Eastern Jin Dynasty）
地址位置：应元路 11 号（11 Yingyuan Lu）
交　　通：地铁 2 号线到纪念堂站 C 出口；公交（三元宫站）33、旅游 1 线。

三元宫坐落于应元路越秀山的南麓，中山纪念堂西北端，是现存历史最长、规模最大的道教建筑。三元宫为东晋南海太守鲍靓创建。初名越岗院，唐称悟性寺，明代重修时改名为三元宫。三元，即道家对天宫、地宫、水宫的总称，传能赦罪解厄，带来福寿。

三元宫的整体布局以正对山门的三元殿为中心，坐北朝南；殿前拜廊东西连接钟鼓楼，殿后为老君殿；两侧自南而北，东为旧祖堂、斋堂、客堂、吕祖殿，西有钵堂、新祖堂、鲍姑殿等建筑。现存各殿堂建筑总面积约 2000 平方米。三元宫主殿三元殿宽 20.27 米，深 16.85 米，建在北面高一级的石台基上，与钟鼓楼和拜廊连成一片。

三元宫为市级文物保护单位，是广州流行的上元诞、中元诞、下元诞的宗教民间节庆的主要活动场地。

15 中山纪念堂

Sun Yat-sen Memorial Hall

建筑类型：会堂建筑（Hall）

建造时间：1929 年动工，1931 年完成

地址位置：东风中路 259 号（259 Dongfeng Zhong Lu）

交　　通：地铁 2 号线到中山纪念堂站 D2 出口；公交（中山纪念堂站）2、56、62、74、80、83、85、133、185、204、209、229、261、276、283、284、289、293、297、305、518 路。

中山纪念堂是一座宏伟、壮丽的钢架和钢筋混凝土混合结构建筑，设计师为吕彦直。面积约为 3700 平方米，高 49 米，由前后左右四个宫殿式重檐歇山抱厦建筑组成，就像四层卷叠的龙脊，组成一个整体，烘托出中央巨大的八角形攒尖式屋顶。

纪念堂的金顶呈椭圆形，高达 3.79 米，直径最大处有 4.075 米。八角形的大厅设计了 30 米跨度的钢桁架，大屋顶由八排钢桁架结合为一个整体。四角墙壁为厚达 50 厘米的钢筋混凝土的剪力墙，以负荷屋顶的全部重量。楼座以钢桁架悬臂挑出，楼板则用钢筋混凝土浇筑而成。大厅内无一柱，体积达 5 万立方米，有 5000 个座位，空间高大，是当时中国最大的会堂建筑，也是将中国传统建筑形式用于大体量建筑的作品。

16 广东大厦

Guangdong Mansion

建筑类型： 宾馆（Hotel）

建造时间： 1987 年

地址位置： 东风中路 309 号（309 Dongfeng Zhong Lu）

交　　通： 公交（中山纪念堂站）2、56、62、74、80、83、85、133、185、204、209、229、261、276、283、284、293、297、305、518、B3、B4 路。

广东大厦地处广州市中心，与风景秀丽的越秀山和驰名中外的中山纪念堂相邻。占地面积 1.1 万平方米，建筑面积 5.8 万平方米，主楼高 87 米，内有 500 间客房，是一家四星级酒店。建筑外观采用阶梯式造型，形成多层楼顶花园和露天天台，裙楼筑有天台花园，大堂宽敞气派，中庭绿树掩映，流水潺潺，一派浓郁的南国风貌。

越秀区二分块建筑

Zone 2, Yuexiu District

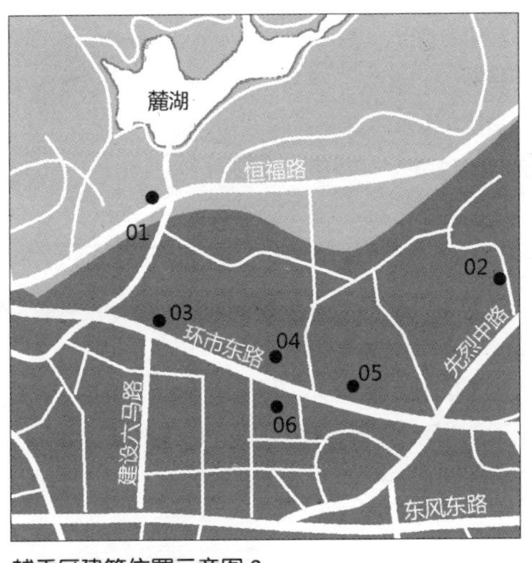

01 广州艺术博物馆
02 黄花岗七十二烈士墓
03 广东国际大厦
04 白云宾馆
05 广州文化假日酒店
06 花园酒店

越秀区建筑位置示意图 2

01 广州艺术博物馆
Guangzhou Museum of Art

建筑类型： 博物馆建筑（Museum）
建造时间： 2000 年
地址位置： 麓湖路 13 号 (131 Luhu Lu)
交　　通： 公交（麓湖公园站）63、245 路，旅游 1 线。

广州艺术博物院位于白云山脚、麓湖岸边，占地面积近 2 万平方米，建筑面积 4 万平方米，是全国独有的集多位艺术家名人馆、专题展览馆、交流展览馆于一体的现代化大型艺术类博物院馆。

整个建筑将岭南建筑与园林融为一体，形成一个轮廓丰富、庭院山水、造型精美的建筑群体。在艺博院正面中间设文塔，塔身的建筑细部有“羊”和“丰”字的隐喻，点明羊城、穗城的地方名题。文塔南红砂岩墙上是构图丰满的史前岩画浮雕，以表现岭南文化悠久的历史。

建筑空间上采用传统庭院空间，应地势高低、地形的广狭，四栋建筑分别四边围合成院落。交接部分采用不同体形的塔楼过渡，建筑群体高低错落，细部上采用饶有岭南地方特色的风火山墙、汉唐檐口、石雕装饰等，以表现岭南地区的风格和文化。

02 黄花岗七十二烈士墓
Huanghua Gang Commemoration Park

建筑类型：纪念性公园（Commemoration Park）
建造时间：1921—1935 年
地址位置：先烈中路 79 号（79 Xianlie Zhong Lu）
交　　通：公交（东山广场总站）78、482 路。

黄花岗七十二烈士墓是为纪念 1911 年辛亥革命广州“三 · 二九”起义而牺牲的 72 位烈士所建，早期墓园为著名设计师杨锡宗设计，孙中山亲手栽植了青松，后经多次增建，至 1935 年基本建成，占地面积 13 万平方米。现名黄花岗公园。

墓园坐北朝南，建筑规模宏大，其主要建筑群会集在长长的中轴线上。正门为有三个拱门的仿凯旋门式建筑，门额以花岗石镌刻孙中山先生题写的“浩气长存”。墓道两旁碑石林立，并植有翠柏和古榕，还有莲池及石拱桥。岗顶为陵墓，以花岗石砌成方形墓基，四周围着铁链栏杆，墓的中央建一亭，亭内立七十二烈士之墓碑。亭顶形如悬钟，寓意争取自由的警钟。碑亭后面是一座用花岗石砌的纪功坊，上半部以七十二块石砌成金字塔形，顶上矗立一高举火炬的自由女神像。坊额镌刻章太炎书“缔造民国七十二烈士纪功坊”。坊后还立有一块巨碑，详细记载黄花岗起义的经过及烈士墓园修建的情况。碑阴共表列有 86 位就义烈士的名单。黄花岗起义死难烈士共 100 多人，先立碑 72 人，后又补 14 人，有姓名可考的有 86 人。

03 广东国际大厦
Guangdong International Hotel

建筑类型： 宾馆、公寓、写字楼（Hotel & Apartment & Office Architecture)
建造时间： 1991 年
地址位置： 广州环市东路 339 号（339 Huanshi Dong Lu）
交　　通： 公交（广东电视台）6、10、30、63、189、191、219、220、225、233、256、482、545、550、810、833、886、B10 路。

广东国际大厦，俗称 63 层，坐落于环市东路白云宾馆西侧，五星级酒店，是一座大规模的综合性商业和金融服务中心。主楼为酒店，高 63 层，副楼为公寓和写字楼，分别为 30 层和 33 层，是 20 世纪 90 年代初中国内地层数最多、高度最高的大型现代化建筑。建筑占地面积约 1.95 万平方米，总建筑面积约 18.4 万平方米。工程采用天然片筏和条形基础，主楼结构采用无粘结预应力混凝土楼板筒中筒体系。建筑工程施工中综合应用了十项新技术，在超高层建筑施工成套技术和管理方面作了有益的探索。

04 白云宾馆
Baiyun Hotel

建筑类型： 宾馆（Hotel）

建造时间： 1976 年

地址位置： 环市东路 367 号，花园酒店斜对面（367 Huanshi Dong Lu, Opposite to Garden Hotel）

交　　通： 地铁 5 号线到淘金站 B 出口；公交（白云宾馆站）6、10、30、63、189、191、201、219、220、225、233、245、256、271、278、280、290、301、482、545、549、550、810、833、886、B2、B10 路。

白云宾馆占地约 2.1 万平方米，剪力墙结构，楼高 120 米，共 34 层（包括地下室一层），为当时中国的第一高楼。

白云宾馆外立面设计以水平线条为主，建筑与环境融合在一起，利用原有的 3 棵古榕树，通过瀑布、水池、石景等景观形成开放式空间，达到了现代建筑艺术与自然景观的完美结合。为了保留原有小山丘的地貌，特意将宾馆后退到离道路 200 多米，山丘的原生态大树，也保留下来，成为宾馆入口的自然景观。白云宾馆因其重要的建筑历史价值一直受到市民及游客的喜爱。

05 广州文化假日酒店

Holiday Inn Hotel

建筑类型：宾馆（Hotel）

建造年代：1990 年

地址位置：环市东路旁侧光明路 28 号（28 Guangming Lu, beside Huanshi Dong Lu）

交　　通：公交（白云宾馆站）6、10、30、63、189、191、201、219、220、225、233、245、256、271、278、280、290、301、482、545、549、550、810、833、886、B2、B10 路。

广州文化假日酒店楼高 24 层，共有客房总数 428 间。作为一家四星级酒店，现在看来偏小的大堂和过窄的自动扶梯稍嫌小气，可是在当年酒店的招牌蓝宝石电影院曾是市内最先进的放映厅。黑色的外墙很耐旧，建筑从道路边界退后不少以营造舒适的步行空间。因用地紧张，主入口选在光明路而不是环市东路，使车流对主干道的干扰大大减少。

酒店北面为华侨新村别墅区，邻近有日本领事馆，周边多为星罗棋布的酒吧、酒屋。虽然酒店已不再列入广州顶级酒店之列，但通过蓝宝石电影院为艺术文化提供专门独立的场地，而在文化界享有知名度，正好应了酒店名字中的“文化”一词。

06 花园酒店
Garden Hotel

建筑类型： 宾馆及写字楼（Hotel & Office Architecture）

建造年代： 1984 年

地址位置： 环市东路 368 号，环市东路与建设六马路交界处（368 Huanshi Dong Lu, at the Juncture of Huanshi Donglu and Jianshe Liu Lu）

交　　通： 地铁 5 号线到淘金站 A 出口；公交（白云宾馆站）6、10、30、63、189、191、201、219、220、225、233、245、256、271、278、280、290、301、482、545、549、550、810、833、886、B2、B10 路。

花园酒店分为酒店大楼和花园大厦两座 Y 形大楼，钢筋混凝土结构。占地面积约 4.8 万平方米，建筑面积约 17 万平方米，其中花园占地约 2.1 万平方米。酒店大楼有 30 层，高 107 米，顶楼设旋转餐厅。花园大厦 21 层，有公寓与写字楼 1000 余套。

花园酒店的花园转盘和超长拱门相互辉映，形成大气堂皇的门面效果。大堂中式装饰典雅，二楼的荔湾亭以南方水乡为主题。大堂接待处与咖啡厅用中式吊顶分隔，咖啡厅与中庭风景呼应，同时通高空间联系大堂与二楼餐饮处，又成为餐饮大堂的风景。

越秀区三分块建筑

Zone 3, Yuexiu District

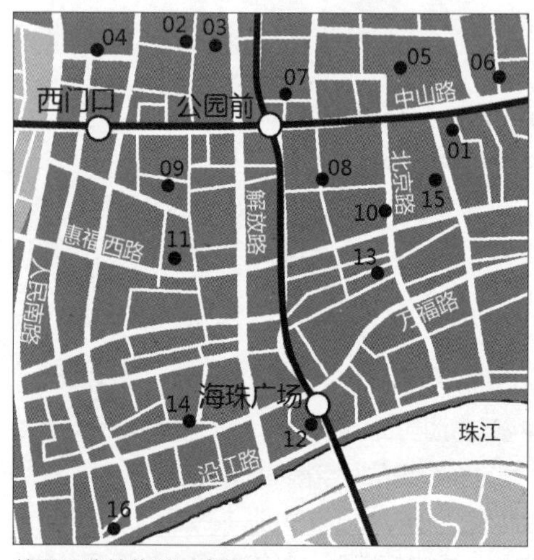

越秀区建筑位置示意图 3

01 万木草堂
02 六榕寺
03 广东迎宾馆
04 光孝寺
05 广东财政厅旧址
06 广州图书馆
07 人民公园
08 九曜园
09 怀圣寺光塔
10 北京路步行街
11 五仙观
12 海珠广场
13 高第街
14 圣心大教堂
15 孙中山文献馆
16 爱群大厦

01 万木草堂
Wan Mu Cao Tang

建筑类型： 宗祠建筑（Ancestral Temple）
建造时间： 清代（Qing Dynasty）
地址位置： 中山四路长兴里 3 号（3 Changxing Li, Zhongshan Si Lu）
交　　通： 地铁 1 号线到农讲所站 D 出口；公交（财厅站）7、22、24、108、191、243、264、517、833 路。

万木草堂是中国近代资产阶级维新派创办的著名学堂。原为邱氏书室，是广东省邱氏子弟到省城应试的居住处。万木草堂建于清嘉庆九年（1804 年），建筑面积约为 600 平方米，砖木结构，为三间三进、两天井、硬山顶的祠堂建筑。绿灰筒瓦，两边保留有部分灰塑，青砖墙石脚，砖木结构，头门面阔三间 15.8 米，门额上刻有“邱氏书室”四字，进深三间约 5 米共十二架。中堂面阔三间，进深约三间 8.5 米共十五架，石檐柱，木金柱，穿斗式梁架。后堂面阔三间，进深三间约 9 米共十八架，前带两廊。

1983 年万木草堂被列为广州市重点文物保护单位。2004 年政府对草堂进行全面修缮。

02 六榕寺

Six Banyan Temple /Liurong Temple/ The Temple of Six Banyan Trees

建筑类型：佛教寺院（Buddhist Temple）

建造时间：南朝（Southern Dynasties）

地址位置：六榕路 87 号（87 Liurong Lu）

交　　通：地铁 1 号线到公园前站 I2 出口；公交（六榕路站）12、29、215、253 路，（迎宾馆站）5、7、24、29、42、56、58、74、85、87、101、108、124、180、182、209、244、253、265、273、519、528、552 路。

六榕寺原名宝庄严寺，始建于梁大同三年（537 年）。现存最有特色的建筑是花塔，原名宝严舍利塔。花塔为砖木结构，雄立于寺院中央，高 57 米，八角形，外观 9 层，内分 17 层。塔东为山门、弥勒殿、天王殿和韦驮殿，还有苏东坡画像和“六榕”石刻等古碑 10 余块。塔西为大雄宝殿，于 1984 年重修，高 14 米，内供奉清康熙二年（1663 年）以黄铜精铸的三尊大佛像。佛像各高 6 米、重 10 吨，是广东省现存最大的古代铜像。另榕荫园内有观音殿、僧舍斋堂、功德堂、藏经阁等。

六祖堂内的六祖铜像不仅是寺中之宝，也是广东省珍贵文物之一。六祖像于宋端拱元年（988 年）铸成，以曹溪六祖真身为原型，用紫铜精铸，高 1.8 米，重 1000 多斤。

03 广东迎宾馆
Guangdong Yingbin Hotel

建筑类型： 宾馆（Hotel）

建造时间： 1952 年

地址位置： 解放北路 603 号（603 Jiefang Bei Lu）

交　　通： 地铁 1 号线到公园前站 I2 出口；公交（迎宾馆站）5、7、24、29、42、56、58、74、85、87、101、10、124、180、182、209、244、253、265、273、519、528、552 路。

广东迎宾馆地处繁华市中心，著名的北京路商业步行街信步可达，毗邻地铁最大的公园前站，与交易会、火车站仅数里之隔。此处源溯于南朝梁武年间，为昔日王府之地。迎宾馆始建于 1952 年，占地面积约 6000 平方米，建筑面积约 3 万平方米。碧海楼、六榕楼、净慧楼、宴会大厅、榕荫阁，以及莲花池、花圃、小山等园林胜景，使 300 多年前的王府楼台相形见绌，所以诗人郭沫若南游到此，有“尚府楼台几度新”的吟咏。

04 光孝寺

Guangxiao Temple

建筑类型：佛教寺院（Buddhist Temple）
建造时间：三国（Three Kingdoms）
地址位置：光孝路 109 号（109 Guangxiao Lu）
交　　通：地铁 1 号线西门口站 C 出口；公交（西门口站）31、38、85、104、107、109、193、250、286、823 路，（西门口人民北路站）2、4、134、186、260、556 路。

光孝寺是广州年代最久远、规模最大的佛教名刹，始建年代距今 1700 多年，属广州“四大丛林”（光孝、六榕、海幢、华林寺）之一，现占地面积 3 万多平方米。1961 年 3 月国务院公布其为国家重点文物保护单位。

据《光孝寺志》载，初为南越王赵建德之故宅。三国时代，吴国虞翻谪居于此，世称虞苑，虞翻在园里讲学。因园中种有许多频婆树和诃子树，故称“诃林”。虞翻死后施宅为寺，名曰：“制止寺”。自东晋后，寺名多次改易，先后称王苑朝延寺、王园寺、乾明法性寺、乾明禅院、崇宁万寿禅寺、天宁万寿禅寺、报恩广孝禅寺、报恩光孝禅寺等。

光孝寺是中印佛教文化交流的策源地之一。东晋时期罽宾国三藏法师昙摩耶舍来寺扩建大殿并翻译佛经；南朝刘文帝元嘉年间，印度高僧求罗跋陀那在寺中创建戒坛传授戒法；梁武帝天监元年（502 年），智药三藏自西印度携来菩提树，植于戒坛前。梁普通八年（527 年），达摩祖师驻锡本寺；陈武帝永定元年（557 年），印度高僧波罗末陀（即真谛三藏法师）在寺内翻译《大乘唯识论》、《摄大乘论》等经论。唐高宗仪凤元年（676 年）禅宗六祖慧能与僧论风幡，剃发于菩提树下。唐玄宗天宝八年（749 年），鉴真和尚往日本传法，遇海风漂至南方，也到寺中传授戒法。

现寺内主要建筑有山门、大雄宝殿、天王殿、瘗发塔、大悲幢、伽蓝殿、六祖殿。

大雄宝殿为东晋隆安五年昙摩耶舍始建，历代均有重修。现面宽七间（35.36 米），进深五间（24.8 米），高（13.6 米），重檐歇山顶，为岭南最雄伟巍峨的大殿。

瘗发塔高 7.8 米，呈八角形，七层，每层各八个神龛。唐高宗仪凤元年（676 年），六祖慧能在菩提树下剃发为僧后，当时的住持法师印宗把慧能的头发埋在这里，后建塔纪念，为寺内现存中国最古老、最大且最完整的铁塔。

大悲幢建于唐宝历二年（826 年），宝盖状如蘑菇，以青石造成，高 2.19 米，幢身八面刻有“大悲咒”，为寺内现存石刻中最早且有年代可考者，但字迹多已风化。

六祖殿于清康熙三十一年（1692 年）重建，面宽五间，进深四间，殿内多处仿大殿做法。屋檐斗栱出挑深远，具有中国唐代建筑风格。

05 广东财政厅旧址
Guangdong Department of Finance site

建筑类型： 办公建筑（Office Architecture）
建造时间： 1919 年竣工（Completed in 1919）
地址位置： 北京路北端（North of Beijing Lu）
交　　通： 公交（中山五路站）7、12、22、24、27、42、101、104、106、108、182、191、215、233、243、264、286、833 路。

广东财政厅旧址是一幢仿欧洲流行古典建筑风格的砖、木、钢筋混凝土结构大楼。5 层，高 28.57 米，面宽 37.14 米，平面呈凹形，上部突出做有八角形转圆形的穹隆顶。

大楼坐北向南。原一、三层为钢筋混凝土楼板，二、四、五层为木楼板。首层作基座处理，沿花岗石石阶梯而上进入第二层，正面大门以仿罗马柱式的两旁双柱贯通直到三楼檐部，二楼内门厅正中设一螺旋形梯，是早期兴建具有欧美古典建筑风格的近代建筑。1978 年进行加固维修，保存外观，修改了内部及外墙的窗。

1993 年被公布为广东省级文物保护单位。

06 广州图书馆
Guangzhou Library

建筑类型： 图书档案馆（Library）
建造时间： 1982 年
地址位置： 中山四路 42 号（42 Zhongshan Si Lu）
交　　通： 地铁 1 号线到农讲所站 C 出口；公交（农讲所站）1、22、27、35、76、93、101、104、106、108、211、215、221、222、243、517、864 路。

广州图书馆是广州市政府主办的公益性文化设施，是一座集学习阅读、信息交流、展览讲座等综合文化功能和数字化网络服务为一体的现代化、大型、综合性公共图书馆。建筑面积约 1.8 万平方米，阅览座位 1400 多个，并设立了盲人电子阅览室。

该馆是由建于 1968 年的“星火燎原馆”改造而来，原来建筑最高点有“红火炬”雕塑，现已拆除，但在铁铸大门上还可以看到火炬的装饰。

07 人民公园
People's Park

建筑类型： 城市公园（Park）
建造时间： 1918 年
地址位置： 广州起义路北端（North Qiyi Lu）
交　　通： 地铁 1 号线至公园前站 F 出口；公交（广卫路站）218 路，（公园前站）6、7、12、42、215 路。

人民公园位于广州市中心，是广州最早建立的综合性公园。面积约 4.5 万平方米，由留法工程师杨锡宗设计，是广州唯一的西式古典风格公园，被誉为“广州市第一公园”，又称中央公园。

公园采取意大利图案式庭园布局，呈方形对称形式。园内古树参天、绿篱花丛，富有浓郁的地方特色。有清初雕制的汉白玉石狮及 1926 年修建的音乐亭。后陆续增设了盆景园、儿童游乐场、敬老亭、露天音乐茶座、展览大楼等设施。公园里每年都会举办菊展、迎春花会和中秋灯会。

08 九曜园
Jiuyao Garden

建筑类型： 园林（Garden）
建造时间： 五代南汉（Five Dynasties–Southern Han）
地址位置： 教育路 80 号（80 Jiaoyu Lu）
交　　通： 地铁 1 号线到公园前站；公交（起义路站）6、14、29、64、104、253、519 路，（教育南路站）14 路。

九曜园是南汉园林药洲的遗址，于 1989 年被公布为省级文物保护单位。

南汉时置有名石 9 座，故名“九曜石”，其园林后俗称“九曜园”。五代时刘岩割据岭南，立南汉国，建都广州，兴建王府，筑离宫别院，在城西凿湖 500 余丈，地连南宫。湖中沙洲遍植花药，名药洲，药洲中置太湖及三江奇石。这一带湖、桥、石、花组成风景绝佳的园林胜地，写下广东古园林史精彩的一章。北宋统一岭南后，药洲成为士大夫泛舟觞咏、游览避暑胜地，名为西湖。南宋嘉定元年（1208 年）经略使陈岘加以整治，在湖面种上白莲，称白莲池，建爱莲亭。明代时以“药洲春晓”列为羊城八景之一。

1949 年药洲遗址的面积只得 2000 多平方米，其中湖水面积 440 平方米，仅存太湖山石 8 座。1988 年政府开始维修药洲遗址，将埋在地下的景石提升，并向西拓展恢复部分湖面。1993 年重新设计建造了仿五代风格的门楼和碑廊。门楼面阔三间 7 米、进深两间 4.8 米，悬山顶。

09 怀圣寺光塔

Huaisheng Mosque

建筑类型：清真寺（Mosque）

建造时间：唐代（Tang Dynasty）

地址位置：光塔路 56 号（56 Guangta Lu）

交　　通：公交（光塔路总站）56 路，（光塔路站）58 路。

怀圣寺又名狮子寺，俗称光塔寺，始建于唐初贞观元年（627 年），相传为阿拉伯著名的传教士艾比 · 宛葛素所建，是伊斯兰教传入中国后最早兴建的现存最古老的清真寺建筑，也是中国四大古代清真寺之一。取名怀圣，意谓怀念创立伊斯兰教的贵圣穆罕默德。

怀圣寺坐北朝南，占地约 3800 平方米，沿主轴线依次为三道门、望月楼、礼拜殿和藏经阁。元代的《重建怀圣寺记》碑刻，是寺内最古的碑石。

光塔原名“怀圣塔”，具有典型的阿拉伯风格，塔高 36 米，塔体为圆柱形。青砖砌筑，表面涂有灰砂，塔身上开有长方形小孔用来采光。塔内不分层，有两道螺旋梯绕塔心而上塔顶。塔顶部用砖牙叠砌出线脚，原塔尖有一只能随风转动的金鸡。明洪武二十五年（1392 年）金鸡为台风所隳，此后塔尖先后换上亭、金鸡、葫芦和十字架等物，1905 年改为拱形礼帽式。现在所看到的圆拱形塔尖顶为 1935 年所建。经文物专家鉴定，光塔是国内唐代至今唯一屹立不倒的建筑，是当今世界各国伊斯兰教清真寺现存最古老的“邦克塔”，也是广州作为古代海上丝绸之路始发港和中阿早期文化交流的珍贵历史遗迹，现为全国重点文物保护单位。

10 北京路步行街
Beijing Lu Pedestrian Shopping Street

建筑类型： 商业街道（Commercial Street）
建造时间： 自明清逐渐形成（Since Ming Dynasty and Qing Dynasty）
地址位置： 北京路（Beijing Lu）
交　　通： 公交（北京路口）1、3、10、66、183、190、219、221、236、541、544、B8 路。

北京路地处广州市中心，是广州城建之始所在地，是历史上最繁华的商业集散地。北京路商业步行街以中山四路与北京路交叉处为中心向四方伸展的商店群区，东起仓边路、西至广州起义路、北起财厅前、南至大新路并延及高第街一带。

这个繁华区域的形成有着历史渊源。明清时期，北京路（旧称双门底）是由城南直通天字码头（官员乘船上岸入城）的主干道。因此，现在北京路北段与中山四路相连接的丁字形地段，成为当时衙署官僚及其随员、家属集中居住的地段。为适应他们的消费需要，逐渐形成了一个全市的繁华商业中心。

目前，北京路及周边区域的历史文化遗迹有西汉南越国宫署遗址、千年古道遗址等十多个朝代的十多个具有较高历史文化价值的文物古迹。

街道现为具有现代特色和岭南建筑风格的商业步行街。

11 五仙观
Wu Xian Temple

建筑类型： 道教庙观（Taoist Temple）
建造时间： 明代（Ming Dynasty）
地址位置： 惠福西路（Huifu Xi Lu）
交　　通： 公交（惠福路站）3、6、8、66、82、106、124、209、217、541 路。

五仙观由当时广东行省布政使赵嗣坚主持修建，寺观建于明洪武七年（1374 年）。寺坐北向南，依山而建，占地面积大约 1 万平方米。现存有头门、后殿、东斋与西斋。五仙观的仪门面阔三间，进深二间，绿琉璃瓦歇山顶，青砖石脚。石门额上有清同治十年（1871 年）两广总督瑞麟手书“五仙古观”大字。仪门还保存有一对用漱珠岗火山岩刻制的石麒麟，这是国内十分罕见的珍贵文物。

仪门东边原惠福西路小学内有环砌跨栏水池，内有 10 块长宽约 4 米的天然红砂岩石，这是一块罕见的原生石，即旧羊城八景“穗石洞天”中的“穗石”。

进仪门后是中殿遗址，接着是后殿。后殿面阔三间 12 米，进深三间 10 米，殿高 7 米，重檐歇山顶，上盖绿琉璃瓦。殿的正桁上刻有“大明嘉靖十六年十一月拾贰”等字。内檐施六铺作三抄斗拱。整座后殿具有广东明代古建筑的特色，也是广州现存最完整的明代建筑。

12 海珠广场
Haizhu Square

建筑类型： 滨江广场（Binjiang Square）

建造时间： 1953 年

地址位置： 广州起义路南端（South Qiyi Lu）

交　　通： 地铁 2 线到海珠广场；公交（海珠广场站）4、8、13、14、29、40、57、61、64、82、86、87、88、180、183、186、208、221、222、236、253、544、823 路。

海珠广场位于广州旧城中心轴线与滨江景观带的交点，附近有泰康路、高第街、一德路等传统商业街区。广场南侧面对江面的开阔空间，广场内绿草如茵，植有棕榈、红棉等乔木，绿化率约达 60%；西广场设半下沉广场，并从海珠桥下穿过，使被海珠桥分割的东、西两侧广场的连通得以改善。广场结合地铁建设，在圆形半下沉广场的中心利用半球状玻璃穹隆作为地铁出入口上盖，旁有环形水幕，隐喻“江畔明珠”的城市新景观。

海珠广场最著名的是 1959 年所立的广州解放纪念像雕塑，英雄的解放军战士持枪手捧着鲜花，像座刻有叶剑英的题词“一九四九年十月十四日解放纪念”。

1962 年，海珠广场和广州解放纪念像以“珠海丹心”被评为羊城新八景。

13 高第街
Gaodi Street

建筑类型：商业街道（Commercial Street）
建造时间：清道光年间（Between Daoguang Years, Qing Dynasty）
地址位置：北京路南翼侧（Beside the South of Beijing Lu）
交　　通：公交（北京南站）1、10、236 路，（珠光路站）1、3、40 路。

高第街在北京路南翼侧，处在古广州城中轴线上，长约 500 米，街道另一出入口位于广州起义路海珠广场北面，过去沿街两侧西式楼群耸立，散发着浓厚的商业气息。

高第街最有名的许地，是著名的许氏家族的发祥地、第一大盐商许拜庭故居。清道光年间族人修祠建宅，有家庙、戏台、书室、花园等，古色古香，雅致非常。至今已历 10 代，该家族出了不少知名人士，如清代的广州名绅许祥光、民国的粤军总司令许崇智、红军将领许卓、教育家许崇清和鲁迅先生的夫人许广平等。

14 圣心大教堂
Sacred Heart Cathedral

建筑类型： 教堂建筑（Church）
建造时间： 1863—1888 年
地址位置： 旧部前 56 号（56 Jiubuqian Lu）
交　　通： 公交（一德中站）4、8、61、82、86、238、823 路。

圣心大教堂是天主教广州教区最宏伟、最具特色的大教堂，于清同治二年（1863 年）奠基，光绪十四年（1888 年）落成，历时 25 年之久。至今有 120 多年的历史。由于教堂的全部墙壁和柱子都是用花岗石砌造，所以又称之为“石室”或“石室耶稣圣心堂”、“石室天主教堂”，是全国重点文物保护单位。

教堂建筑总面积约 3000 平方米，东西宽 35 米，南北长 78.69 米，由地面到塔尖高 58.5 米，是目前国内最大的双尖塔哥特式石结构建筑、东南亚最大的石结构天主教建筑，也是全球 4 座全石结构哥特式教堂建筑之一，可与闻名世界的法国巴黎圣母院相媲美。

教堂正面一对巍峨高耸的双尖石塔，高插云霄。石塔中间西侧是一座大时钟，东侧是一座太钟楼，内有四具从法国运来的大铜钟。堂内是尖形肋骨高叉的拱形穹隆。正面大门上面和四周墙壁分布的花窗棂，都是合掌式，所有门窗都以法国制造的较深的红、黄、蓝、绿等七彩玻璃镶嵌。这玻璃可避免室外强光射入，使室内光线终年保持着柔和，形成特定的宗教气氛。

15 孙中山文献馆
Sun Yat-sen Record Office

建筑类型： 图书档案馆（Library）
建造时间： 1933 年
地址位置： 文德路 81 号（81 Wende Lu）
交　　通： 公交（文德路站）1、7、10、12、24、36、42、66、182、190、215、219、221、222、264、544 路，（财厅站）22、102、108、191、243、517、833 路。

广东省立中山图书馆之孙中山文献馆原址为明代羊城胜迹"南园"，其中"抗风轩"为孙中山早年从事民主革命活动的秘密据点，后为清代广雅书局藏书楼。1927 年，旅居美国、加拿大、墨西哥、古巴等地的华侨为纪念孙中山，集资兴建广州市中山图书馆。建筑地址选定在文德路原广府学宫旧址，1928 年设计，1929 年动工，1933 年 10 月落成。建筑平面为正方形，四角尽端以小亭屋顶形式处理，建筑物四周采用回廊式，中央有一个大跨度的八角形大阅览室。建筑系宫殿式风格，红墙绿瓦，颇为壮丽。

1955 年省、市图书馆合并，改名为广东省立中山图书馆。1986 年广东省立中山图书馆迁到文明路新馆后，原馆遂改称孙中山文献馆。孙中山文献馆建筑面积 7900 平方米，藏书 265 万册，收藏有孙中山各类专著、传记、研究资料、手迹、照片、录音唱片、辛亥革命资料及纪念品等。孙中山文献馆以孙中山文献、广东地方文献、南海诸岛资料和华侨史料为其馆藏特色。内有报告厅、展览厅、阅览室等。

为迎接广州亚运，打造越秀区广府文化，广东省文化厅和广州市越秀区人民政府联合对孙中山文献馆进行文物景观修复整治。整治修复翰墨池和番山亭，恢复文献馆广场，营造绿化景观。

16 爱群大厦

Aiqun Hotel

建筑类型：宾馆（Hotel）
建造时间：1937 年
地址位置：沿江西路 113 号（113 Yanjiang Xi Lu）
交　　通：公交（爱群大厦站）1、4、57、58、61、64、128、131、134、186、208、219、236、238、281 路。

爱群大厦由香港爱群人寿保险有限公司投资兴建，故得其名。占地 950 平方米，旧楼 15 层，高 64 米，建筑面积 1.14 万平方米，建筑风格独特，外形仿美国摩天大楼。在 20 世纪 30 年代曾夺广州建筑物之冠，被当时新闻界誉为“开广州高层建筑之新纪元”，并以设备最新式、完善、豪华而著称。1966 年，在爱群大厦的东侧，建成一座 18 层、楼高 67.32 米、面积为 1.3 万平方米的新楼。新楼与旧楼层层相通连为一体，虽两楼立面形状不一，然格调相配、和谐统一。1984 年在 16 楼又加建了一个旋转餐厅。

爱群大厦为广州市文物保护单位。

越秀区四分块建筑

Zone 4, Yuexiu District

越秀区建筑位置示意图 4

01 广州起义烈士陵园
02 番禺孔庙
03 广东省立中山图书馆
04 国民党“一大”旧址
05 中华全国总工会旧址
06 省港罢工委员会旧址纪念馆
07 中共“三大”会址
08 广东咨议局旧址
09 明远楼与天文台旧址

01 广州起义烈士陵园

Guangzhou Insurrectional Martyr Cemetery Park

建筑类型：纪念性公园（Memorial Park）

建造时间：1954 年

地址位置：中山二路 92 号（92 Zhongshan Er Lu）

交　　通：地铁 1 号线到烈士陵园站 D 出口；公交（烈士陵园站）1、22、40、76、93、108、183、211、221、222、243、517、546、864、B8 路。

广州起义烈士陵园，是中华人民共和国成立后为纪念 1927 年 12 月广州起义中英勇牺牲的烈士修建的纪念性公园。陵园占地 18 万平方米，分陵区和园区两部分，是一个自然式和规则式结合的公共园林，其中西面陵墓部分是几何规则式，东面园林部分则是自然式风格。

正门、广场、陵墓大道、广州起义纪念碑和圆形的陵墓等构成陵墓部分。东面园区是典型的岭南特色园林景观，有“血祭轩辕亭”、“中朝人民血谊亭”、“中苏人民血谊亭”、人工湖、拱桥等景点。陵园西南部还有广东革命历史博物馆。

02 番禺孔庙

Panyu Confucius Temple

建筑类型： 宗庙建筑（Religion Temple ）

建造时间： 明代（Ming Dynasty）

地址位置： 中山四路 42 号（42 Zhongshan Si Lu）

交　　通： 地铁 1 号线到农讲所站 C 出口；公交（农讲所站）1、22、27、35、76、93、101、104、106、108、211、215、221、222、243、517、864 路。

番禺孔庙始建于明洪武三年（1370 年），占地面积约 1.5 万平方米，原是明代修建的孔庙，清代时为番禺学宫。第一次国内革命战争时期，毛泽东同志主办第六届农民运动讲习所，现称广州农民运动讲习所旧址。

旧址坐北朝南，有大成门、棂星门、大成殿、崇圣殿、东西耳房、东侧房、东西两庑等砖木结构建筑。东耳房是所长毛泽东的办公室兼卧室，西耳房是图书室。大成殿是课堂，崇圣殿正间为膳堂，东间为军事训练部，前院的两庑和后院的两廊均是学员宿舍。建筑红墙黄瓦，飞檐斗拱，石雕木刻，陶瓷彩塑。

大门是花岗石雕琢的棂星门。进了大门是前院的泮池，泮池中间架有一座石拱桥，过桥便是 9 行并排的花岗石板铺成的通道，直通大成门。过大成门，是一个草木葱郁的大院，院内木棉、菩提、龙眼、九里香等古树挺拔葱郁。大成殿屹立在由花岗石砌成的台基上，沿着大成殿两侧的通道向前走去，即达崇圣殿。

1953 年，农民运动讲习所旧址按原貌维修复原。1961 年 3 月，由国务院公布为全国重点文物保护单位。

03 广东省立中山图书馆
Sun Yat-sen Library of Guangdong Province

建筑类型： 图书档案馆（Library）
建造时间： 1986 年
地址位置： 文明路 213 号（213 Wenming Lu）
交　　通：（省博物馆站）12、42、91、101、104、106、183、215、236、541、B8 路。

广东省立中山图书馆是我国大型综合性公共图书馆。历史悠久，创建于 1912 年。1927 年，由华侨集资兴建广州市中山图书馆楼，1933 年建成绿瓦朱檐宫殿式建筑物，颇为壮丽。1955 年省、市图书馆合并改名为广东省立中山图书馆。1986 年新馆建成后迁往文明路至今。同年邓小平同志为该馆题写馆名。

广东省立中山图书馆文脉悠久，典藏丰富，在海内外闻名遐迩。是服务性、学术性文化机构，是广东省的总书库，是全省文献编目中心、图书馆信息网络中心。履行搜集、加工、存储、研究、利用和传播知识信息的职责。1996 年后，中山图书馆藏书量从新中国成立前的几万册增加到迄今五百多万册。从传统的手工卡片检索到计算机的网络化、数字化管理。现广东省立中山图书馆共分为文明路总馆、桂花分馆、大佛寺分馆、文德分馆、龙门分馆和六祖分馆，其中文明路总馆占地面积约 5.4 万平方米。

2003 年广东省政府已正式立项广东省立中山图书馆的改扩建工程，总投资 5 亿元，占地总面积 6.8 万平方米，建筑总面积 103599 平方米。全部建成后的广东省立中山图书馆将具有中国气派、民族风格、岭南特色的标志性建筑组群，是我国典藏文化载体的现代演绎，是广东文化大省文脉传承的文化象征，在广东文化大省建设中扮演着日益重要的角色。

04 国民党“一大”旧址
Site of the First Congress of the KMT

建筑类型：现为博物馆建筑（Revolutionary Sites/Museum）

建造时间：1905 年

地址位置：文明路 6 号（6 Wenming Lu）

交　　通：公交（省博物馆站）12、42、91、101、104、106、183、215、236、541 路,（越秀中路站）11、35、40、54、65、80、184 路。

国民党“一大”旧址原来是清代举行乡试的贡院。

钟楼是一座兼有中西建筑风格的砖木建筑，平面呈凹字形，建筑面积 2888 平方米。建筑的前部为钟楼，高 5 层，约 24 米，顶为穹隆形，上端的四面原来有时钟；后部为两层长方形礼堂，面积 300 多平方米。钟楼正门是开拱形圆柱廊，廊上有平台，廊下是门厅。底层四周是柱廊走道。钟楼的前半部为二层，后半部为一层。

1924 年 1 月 20 日至 30 日，孙中山在共产国际和中国共产党帮助下，在这里主持召开了中国国民党第一次全国代表大会，改组了国民党，重新部署国民革命事业。

钟楼大院的前面有块宽阔的广场，占地面积约 1.7 万平方米。国民党“一大”期间，孙中山多次在广场上向群众发表演讲，宣传新三民主义。广场中间是一片大草坪，东西两端各有一个大讲台，周围绿树成荫。1988 年旧址公布为全国重点文物保护单位。

05 中华全国总工会旧址
Former Headquarters of All Chian Labor Union

建筑类型： 现为博物馆建筑（Museum）
建造时间： 民国时期（Republican Period）
地址位置： 越秀南路 89 号（89 Yuexiu Nan Lu）
交　　通： 公交（越秀南站）7、11、12、24、35、36、54、61、65、80、91、101、104、182、184、194、264、519、541 路。

中华全国总工会旧址原为“惠州会馆”。周边有围墙，中间有一圆拱形大门和雕花铁栏栅门扇。由大门进入前院，为一座两层带地下室的砖木结构西式洋房，坐西朝东，面阔九间 27.8 米，深七进 21.5 米，总高约 11 米，占地面积约 600 平方米，总建筑面积约 1800 平方米。大楼门廊左右两侧立有“廖仲恺先生纪念碑”和“工农运动死难烈士纪念碑”各一座。地下半层高约 2.2 米，清水红砖外墙，角位嵌花岗石及花岗石脚，有拱形及圆形窗，门廊处有石台阶。一楼内部两侧有楼梯通往二楼，二楼外廊有花岗石栏杆，楼顶山花上有鲜花浮雕装饰。

中华全国总工会旧址是第一次国内革命战争时期中国共产党领导全国工人运动的中枢。

06 省港罢工委员会旧址纪念馆
Canton–Hong Kong Strike Committee Site

建筑类型： 别墅（Villa/Memorial Architecture）
建造时间： 清末（The Late Qing Dynasty）
地址位置： 越秀南东园横路 1 号（1 Dongyuanheng Lu, Yuexiunan）
交　　通： 公交（越秀南站）7、11、12、24、35、36、54、61、65、80、91、101、104、182、184、194、264、519、541 路。

省港罢工委员会旧址原为清末广东水师提督李准的花园别墅，名“东园”，面积约 1 万平方米。辛亥革命后，曾改为民众游乐场；省港罢工期间，是省港罢工委员会所在地。

旧址分前后两部分。前半部正南为进入东园的大门，有一座高约 8 米的砖木结构门楼，横眉上有李准手书“东园”二字。进园 50 米有一荷花池，池东、西各有一八角亭。正面有砖木结构的西式 2 层洋房“红楼”，首层是工人纠察队的礼堂，二楼为纠察队的模范队宿舍。后半部有 1000 平方米的池塘，一小溪从西流入，溪上建有两座双层木阁楼，也为罢工委员会办公地。随着罢工斗争的发展，前半部的北面搭起了 4 座大葵棚，为办公地和收押犯人的监狱。1926 年 11 月 6 日，省港罢工委员会的房子和葵棚，被帝国主义收买的反动分子纵火焚毁，仅存门楼和“红楼”前的大树。

1984 年政府在原地重建“红楼”，并建省港罢工旧址纪念馆，向群众开放。

07 中共“三大”会址
Site of the Third Party Congress of the CPC

建筑类型： 现为博物馆建筑（Museum）
地址位置： 恤孤院后街 31 号（现恤孤院路 3 号）（3 Xuguyuan Lu）
交　　通： 公交（恤孤路站）811、813 路。

这里原是一幢两层砖木结构金字瓦顶的普通房子，坐西向东，门临大街。建筑呈正方形，长阔各约 20 米左右，高 6 米多，建筑层高约 3 米。二楼两间是宿舍，而间墙只有半截，上有金字架承顶横梁和桁桷，顶上没有顶棚，仰视就能看见瓦底。

2006 年初，政府复建中共三大会址。复建工程包括 4 部分，分别为——原址复建中共“三大”主会场旧址；修缮“三大”期间陈独秀、李大钊、毛泽东等党的重要领导人活动的主要场所“春园”、“逵园”及“简园”（统称为“三园”）；新建用于文物和历史资料展览的“三大”陈列馆；新建一大型停车场。整片建筑面积达到 4200 平方米。由于中共“三大”是唯一一次在广州召开的党的代表大会，复建后的“三大”建筑群成为爱国主义教育基地和新的羊城旅游景点区。

08 广东咨议局旧址

Site of the Conference Board, Guangdong

建筑类型：现为博物馆建筑（Former Office Building/Museum）

建造时间：1909 年

地址位置：中山三路广州起义烈士陵园内（Zhongshan San Lu, Inside Guangzhou Insurrectional Martyr Cemetery Park）

交　　通：地铁 1 号线到烈士陵园站 D 出口；公交（烈士陵园站）1、22、40、76、93、108、183、211、221、222、243、517、546、864 路。

广东咨议局建于清宣统元年（1909 年），由日本留学生金浦崇、金浦芬捐建，为一组中西合璧的建筑群。建筑物为两层，砖、木、钢梁柱的混合结构，建筑面积约 2500 平方米。

建筑物正面由石拱桥连接通道直达大门，成为出入该楼房的通道，石拱桥两侧各有大小相同的石砌荷花池，置有石扶栏，形成由“主楼—草坪—荷花池、石拱桥—大通道—大门”的中轴线布局。中西方建筑风格融为一体，既有罗马式圆形建筑风格，又有中国园林建筑的小桥流水。

主楼建筑为圆形的两层高的砖木结构楼房。门前正对一个弧形联拱式的门廊，正中有 4 根仿科林思式柱子，直顶天花。正门入内是一个弧形大厅，大厅中央天花为半球形锌铁皮屋顶，整个结构仿照西方古罗马式的议会建筑形式。

现广东咨议局旧址的原貌已有改变，仅主楼及石桥、荷花池尚存。主楼于 1958 年辟为广东革命历史博物馆馆址。

09 明远楼与天文台旧址

Mingyuan Building and Observatory Site

建筑类型：原办公教学建筑（Former School Office Building）

建造时间：明远楼康熙三十三年建，中山大学旧天文台 1929 年 6 月落成（Mingyuan Building was Built in Kangxi 33th, Observatory Site was Completed in 1929）

地址位置：文明路 215 号大院内（215 Wenming Lu）

交　　通：地铁 1 号线到农讲所站；公交（万福东站）182、194、24、264、36、40、519、61、7；（万福路站）182、194、24、264、36、40、519、61、7 路。

明远楼为 2 层红色楼阁，砖木结构，歇山顶，面阔进深均 5 间，围廊周匝。首层外檐柱施插拱一跳承托出头梁挑出腰檐。现外檐角柱及部分柱已改为混凝土柱，或用混凝土加固。右侧回廊设木楼梯上二层。二层外檐柱施插拱承拱挑梁出檐，楼虽多次修缮，材料多已更换，但仍保留原有南方早期建筑特点。当年巡抚李士桢将贡院改建于附近承恩里，明远楼是贡院主考楼。清咸丰七年（1857 年），第二次鸦片战争爆发，附近建筑皆毁于兵燹，唯明远楼岿然独存。1978 年 7 月 18 日，当时广东省革命委员会审定名为“红楼”，并公布为广东省重点保护单位。红楼现归属广东省博物馆管理。

中山大学旧天文台为长方形二层楼房，钢筋混凝土结构，台高 5 层，东侧相连六角三层塔楼，下为地窖，是当时华南地区唯一由自己设计建造的天文台。

越秀区五分块建筑
Zone 5, Yuexiu District

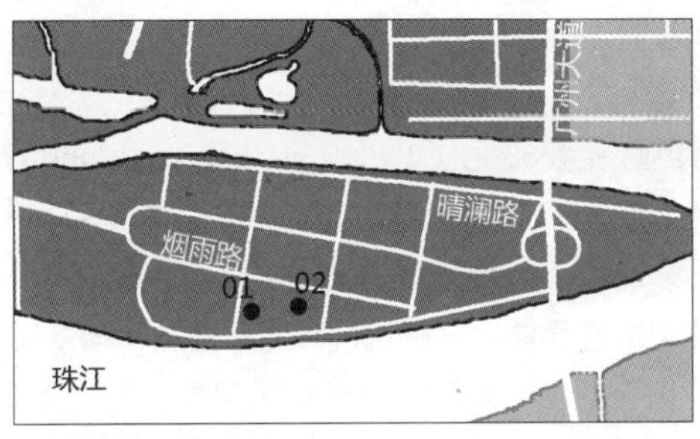

越秀区建筑位置示意图 5

01 星海音乐厅
02 广东美术馆

01 星海音乐厅
Xinghai Concert Hall

建筑类型：观演建筑（Theatre）
建造时间：1998 年
地址位置：二沙岛晴波路 33 号（33 Qingbo Lu, Ersha Island）
交　　通：公交（星海音乐厅站）57、89、131A、131B、194、B21、旅游 2 线路。

星海音乐厅临珠江而建，充满现代感的双曲抛物面几何体结构雄伟壮观，是一座令人赞赏的艺术殿宇。自北向南斜望，音乐厅像一只展翅欲飞的天鹅；从西往东看，南面的抛面与二楼平台似构成一架撑起盖面的大钢琴，与珠江的碧水合奏着永不休止的和弦。

这座以人民音乐家冼星海的名字命名的音乐厅，占地 1.4 万平方米，建筑面积 1.8 万平方米，由华南理工大学建筑设计研究院设计。音乐厅设有 1518 座位的交响乐演奏大厅、461 座位的室内乐演奏厅、100 座位的视听欣赏室和 4800 平方米的音乐文化广场。总投资达 2.5 亿元，是我国当时规模最大、设备最先进，功能完备，具有国际水平的音乐厅。

02 广东美术馆
Guangdong Museum of Art

建筑类型： 美术馆建筑（Gallery）
建造时间： 1997 年
地址位置： 二沙岛烟雨路 38 号（38 Yanyu Lu, Ersha Island）
交　　通： 公交（星海音乐厅站）57、89、131A、131B、194、B21、旅游 2 线路。

广东美术馆是按现代多功能目标规划建设的造型艺术博物馆，该馆建筑面积 2 万多平方米，馆内有 12 个展览厅和户外雕塑展示区，可同时或分别举办大型展览和不同题材的展览，室内展区面积约 8000 平方米，户外展区面积 5000 平方米。常设陈列展览以馆藏近现代沿海艺术作品、广东当代美术作品，以及海外华人作品为主要展出内容，陈列展出雕塑、绘画、陶艺作品，每年还将举办各类专题展览、邀请展览等。

荔湾区
Liwan District

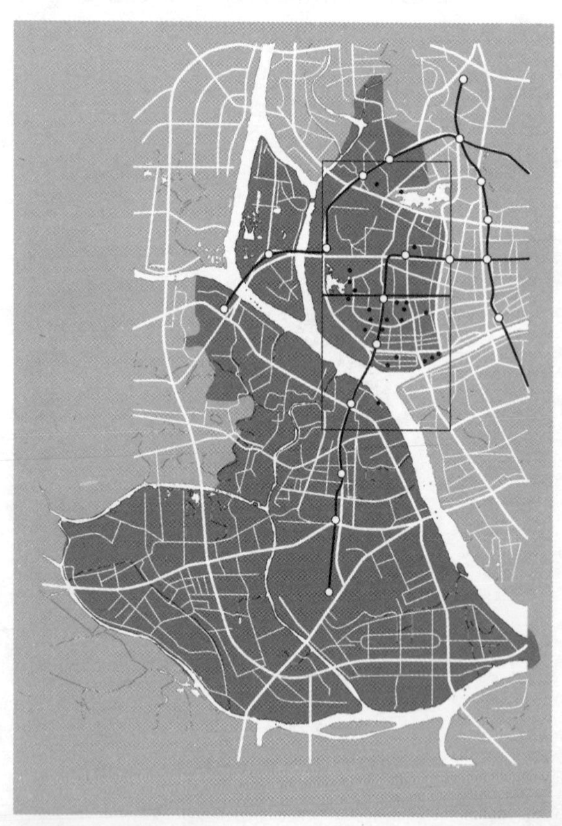

荔湾区分块位置示意图

荔湾区一分块建筑

Zone 1, Liwan District

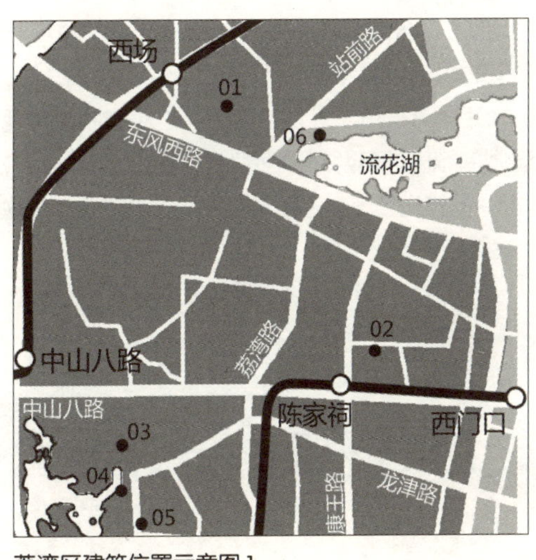

荔湾区建筑位置示意图 1

01 广雅中学

Guangya High School

建筑类型： 教育建筑（Educational Architecture）

建造时间： 1888 年

地址位置： 西湾路 1 号（1 Xiwan Lu）

交　　通： 公交（西华路尾站）52、205、207、231、238、239、275、530、555 路。

广雅中学前身为广雅书院，是当时全国四大学府之一，清光绪十四年（1888 年）由两广总督张之洞创办。张之洞于 1884 年至 1889 年任两广总督期间，认为传统书院都是以教学经史古文为主，难以培养出“经世致用”的人才，为改革传统书院的教学内容和教学方式，决定创办一所“新型”学府。广雅书院选择西村源头，这里西靠北江，树木葱郁，远离喧闹的城区。自西郊河面划艇沿着小北江前驶，亦可直达学校门前登陆。水路虽然迂回曲折，但轻舟慢荡，沿途浏览水陆风光，别有一番情趣。

建成后的广雅书院，坐北向南，四周设有护院河，占地面积达 12 万平方米。在中轴线上有院门、山长楼、礼堂、无邪堂、冠冕楼；两侧设东斋和西斋；还有清佳堂、岭南祠、莲韬馆等。广雅书院的建筑按讲学、藏书、祭祀三大功能进行布局，书院主要建筑物建在中轴线上，其他建筑物建在东西两侧，反映了传统秩序观念。而护院河则是广雅书院整体布局的最大特色。

1901 年废书院后，广雅书院改为两广大学堂，1903 年为两广高等学堂，以后又改为省立第一中学，1935 年改为广雅中学。经过百多年的岁月沧桑，目前广雅中学已非昔日模样。整个校园规划为中轴对称式，前座大门，二进教学大楼（琼华楼），三进山长楼（当时校长称为山长），四进新图书馆（含英楼），五进办公楼（无邪堂），最后是冠冕楼。两侧东、西厢过去是两广学生的住地，现东边有饭堂、学生宿舍、植物园及新教学大楼（昭明楼）；西边为操场、泳池、地理园、艺术楼等。东西两厢五进六进之间的位置各有一个小湖。2009 年复修濂溪祠，位于冠冕楼东侧。冠冕楼曾为广雅中学的图书馆，戊戌变法之后曾一度成为广东省城藏书最多的图书馆，1936 年重建，2008 年改建为校史博物馆。冠冕楼前有清代时建造的百岁石桥。

02 陈家祠
Chen Clan Academy

建筑类型： 宗祠建筑（Ancestral Temple）
建造时间： 清光绪十四年至二十年（1888—1894 年）
地址位置： 中山七路恩龙里 34 号（34 Enlong Li, Zhongshan Qi Lu）
交　　通： 地铁 1 号线陈家祠站 D 出口；公交（陈家祠中山七路总站）268 路，（陈家祠站）17、85、88、104、107、109、114、125、128、193、204、233、250、260、286、413 路。

陈家祠为广东省陈氏的合族祠堂，因祠堂落成后，一直作为陈姓子弟读书办学的地方，又称陈氏书院。陈氏书院由黎巨林设计，占地面积 1.5 万平方米，坐北向南，建筑面积 6400 平方米，为三进五间九堂六院大小 19 座建筑组成。建筑以大门、聚贤堂和后座为中轴线，采用“三进三路九堂两厢抄”两边对称的传统布局，通过青云巷、廊、庑、庭院，由大小 19 座建筑组成建筑群体，各个单体建筑之间既独立又互相联系。

聚贤堂位于书院主体建筑的中心，是陈姓族人举行春秋祭祀和议事聚会的地方。后堂及大厅三间是安放陈氏祖先牌位及祭祀的厅堂，后堂面宽五间，进深三间，二十一架梁。陈家祠以其巧夺天工的装饰艺术著称，它荟萃岭南民间建筑装饰艺术之大成，以“百粤冠祠”著称。陈氏书院广泛采用木雕、石雕、砖雕、陶塑、灰塑、彩绘和铜铁铸等不同风格的工艺做装饰。雕刻技既有简练粗放，又有精雕细琢，相互映托。

03 仁威庙

Renwei Temple

建筑类型： 道教庙观（Taoist Temple）

建造时间： 始建于宋代皇祐四年（1052 年）

地址位置： 龙津西路仁威庙前街（Renwei Temple Qianjie, Longjin Xi Lu）

交　　通： 地铁 5 号线中山八站 B 出口；公交（仁威庙站）8、25 路。

仁威庙是一座专门供奉道教真武帝的神庙，占地 2200 平方米。它是当时泮塘恩洲十八乡最古老、最大的庙宇。

仁威庙平面略呈梯形，坐北朝南，广三路深五进，另有偏东一列平房。前三进建筑，当中为主体建筑，东、西为配殿，第四进为斋堂，第五进为后楼。沿着南北中轴线，依次为头门、正殿、中殿、后殿和后楼，左右为东、西序。头门面阔 11 米，深 8 米。主体建筑东西阔 40 米，南北深 54 ～ 60 米，是砖木混合结构，屋举 9 架梁，房顶是 5 级叠阶梯形的风火山墙，上盖绿灰筒瓦，采用蓝色琉璃瓦剪边。

04 泮溪酒家
Panxi Restaurant

建筑类型： 餐饮建筑（Restaurant）
建造时间： 1959 年
地址位置： 龙津西路 151 号（151 Longjin Xi Lu）
交　　通： 公交（泮塘站）8、25、55、74 路，（泮塘总站）2、66 路。

泮溪酒家位于荔湾湖畔，最初是由粤人李文伦在 1947 年创办的一家充满乡野风情的小酒家，1959 年后由政府扩建，岭南著名园林建筑专家莫伯治先生设计。新的泮溪酒家运用岭南传统建筑及园林手法，富有地方风格特色。

泮溪酒家与荔湾湖结合起来，作为荔湾湖景观的一部分，其环境幽雅，建筑与荔湾湖互相借景。坐在酒家筵席上，内可观赏庭园山池，外可远眺湖面风光，园林酒家通过楼阁廊桥，使内外渗透，形成既与湖相通，又与湖分离的园林空间。建筑采取庭园布局，全园分为厅堂、别院、山池、湖畔四个主要部分，各部分之间以游廊相连。

整个酒家通过各个大小不等的厅堂、游廊，桥榭围合成各种庭园院落。曲桥跨水而过，石山脱水而立，主景石山由几组峰石连绵组成，逶迤平阔，取名“东坡夜游赤壁”，假山叠石以其气势和形象特征而得名。山馆建筑结合石山构筑，从桥廊拾级攀登，经爬山廊至山馆二楼，山馆楼东南临内院山池，楼西则面向荔湾湖，凭栏远眺，烟水空灵，一望无际。

05 陈廉仲公馆
Chen Lianzhong's Residence

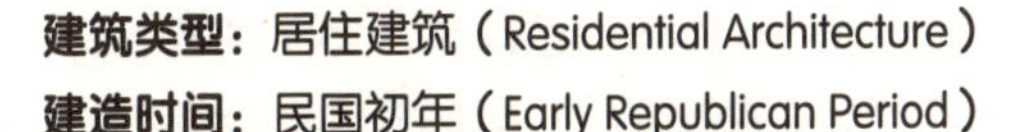

建筑类型： 居住建筑（Residential Architecture）
建造时间： 民国初年（Early Republican Period）
地址位置： 龙津西路逢源北街 84 号（84 Fengyuan Bei Jie, Longjin Xi Lu）
交　　通： 地铁 1 号线长寿路站 B 出口；公交（洋塘站）8、25、55、74 路，（多宝路口站）2、25、55、74 路。

陈氏公馆坐落在西关上支涌岸边，独院式别墅带有明显的西洋风格，建筑又与中式的园林有机地结合在一起，成为 20 世纪初一种具有岭南特点的建筑类型。陈廉仲与其兄陈廉伯均为英籍华人，陈廉伯当时是广州商团团长、英商汇丰银行买办。

陈廉仲公馆为带庭院的三层西洋式别墅建筑，为西式外柱廊的立面造型，仿罗马、希腊柱式及拱门手法，设计严谨，装饰讲究。陈廉仲公馆庭园面积有 1100 多平方米，庭园布置采用岭南传统的园林手法，庭园内种有大叶榕、黄皮、龙眼、桑树、竹树、玉兰、荷花等岭南花木，还有池塘及岭南风格石山，其中“风云际会”石山上生有榕树，树与山石浑成一体，而凉亭为一 2 层楼的西式小品建筑。现陈廉仲公馆已作为广州荔湾区博物馆。相邻的陈廉伯公馆是座 4 层楼的西洋式别墅建筑，洋房楼梯采用了西方建筑风格的螺旋式楼梯。

荔湾博物馆内的民俗馆是以重建的西关大屋为主体，建筑面积 278 平方米。遵循“整旧如旧”的原则，从平面布局、立面处理、建筑设计和细部装饰等方面全方位恢复昔日古老大屋的建筑模式和风格。

06 流花西苑
Liuhua Western Garden

建筑类型：主题公园（Garden）
建造时间：1964 年
地址位置：流花公园西侧（The West Side of Liuhua Park）
交　　通：公交（西苑站）29、207、238、239、530、552 路。

流花西苑面积约 2.9 万平方米，为盆景园。这里常年摆设盆景 1000 多盆，形态各异，盘根错节，美不胜收，是名闻中外的“盆景之家”。园内湖光水色，曲径绿荫，风景怡人，富有诗情画意。盆景园除集中展示岭南各流派的树根盆景外，还有高近 20 米的多棵高山榕、200 多年树龄的九里香和罗汉松，以及乌不宿、黑松、榆树、雀梅等名贵品种。

西区是公园的主体，这里山坡起伏，曲院回廊，荷池柳岸，景色幽美。在榕荫馆、亭榭及温室等展厅中，陈列有千多盆各种名贵类型的盆栽，有的豪迈雄奇，古老苍劲；有的轻盈飘逸、文静潇洒，百态千姿，风格独特，显示了岭南派盆栽特色。

西苑与流花公园的秀色交相辉映，小而见大，气势倍添。园中还设有三个茶室和咖啡室，或临湖而辟、或在榕荫之下，游人可一边品茗，一边欣赏盆趣及庭园景色。

荔湾区二分块建筑

Zone 2, Liwan District

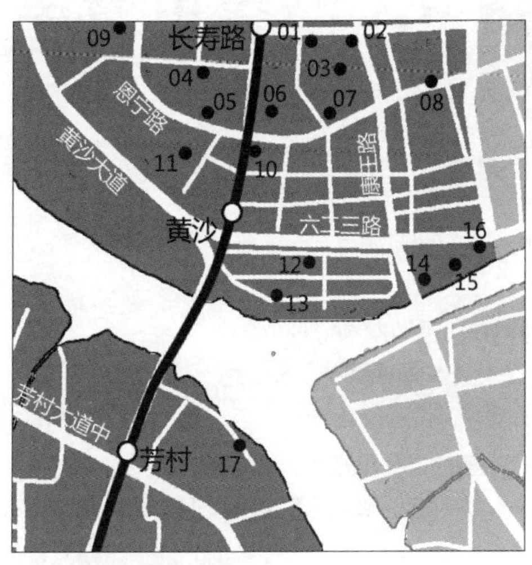

荔湾区建筑位置示意图 2

01 敬善里石屋
02 锦纶会馆
03 华林寺
04 李文田宅第
05 八和会馆
06 莲香楼
07 广州酒家
08 上下九商业步行街
09 西关大屋民居群
10 陶陶居
11 詹天佑故居
12 沙面租界
13 白天鹅宾馆
14 粤海关大楼
15 粤邮政总局大楼
16 南方大厦
17 信义国际会馆

01 敬善里石屋

Jingshanli Stone House

建筑类型：民居建筑（Folk House/Residential Architecture）

建造时间：民国元年（1912 年）

地址位置：文昌南路敬善里 13 号（13 Jingshan Li, Wenchang Nan Lu）

交　　通：地铁 1 号线长寿路站 A 出口；公交（文昌南路站）530 路。

敬善里石屋是著名西医师黄宝坚寓所，占地 350 平方米，为广州市现存的三开间石屋之一。石屋由黄宝坚之兄从美国带回设计图纸，整幢 3 层楼外墙均用长方形麻石精工砌筑，古雅别致，石屋的外观虽然是西式洋楼风格，但在内部装饰上则是岭南风格。与普通的岭南建筑相比，石屋楼层层高较大，首层约有 4 米高，大门两侧立有两根巨大的花岗石圆柱。屋内有花园，为封闭式的小庭院，约有 40 平方米，园内西边建有八角半边亭，碧绿色檐瓦映衬着以卵石筑成的金鱼池。走廊和园中均设厅石作凳，古朴幽雅。黄宝坚后人现仍居于此。

02 锦纶会馆
Jinlun Guild Hall

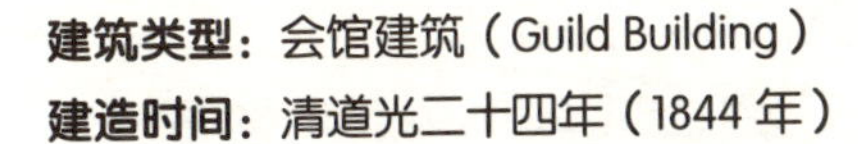

建筑类型： 会馆建筑（Guild Building）

建造时间： 清道光二十四年（1844 年）

地址位置： 康王路 289 号（289 Kangwang Lu）

交　　通： 地铁 1 号线长寿路站 A 出口；公交（华林寺站）17、114、125、181、226、238、239、251、288、297、521、552 路，（带河路站）2、3、6、61、82 路。

锦纶会馆又名锦纶堂，始建于清朝雍正元年（1723 年），道光二十四年（1844 年）重修。会馆坐北朝南，占地 692 平方米，是一座祠堂式的三进深、砖木结构的会馆建筑。外观青砖石脚，绿筒瓦镬耳山墙，门前砖雕细腻。馆内保留有不少木雕、砖雕、陶塑、碑刻等。

锦纶会馆原是广州丝织行业股东公会，1949 年后曾为民宅所用，其房屋结构基本保持完好，成为广州保存下来的唯一近代专业会馆。馆内完整保留了 21 方历史碑刻，是研究清代资本主义萌芽和广州商贸发展的重要实证。2001 年建设康王路时，为保护这座古建筑，对其进行整体平移。工程具体为向西北方纵移 80.4 米，横移 22 米，托上 1.85 米，是我国首次连地基完整平移，也是国际上第一例平移加顶升工程。

03 华林寺
Hualin Temple

建筑类型： 佛教寺院（Buddhist Temple）
建造时间： 清顺治十一年（1654 年）
地址位置： 下九路华林寺前街 31 号（31 Hualinsi Qian Jie, Xiajiu Lu）
交　　通： 地铁 1 号线长寿路站 A 出口；公交（带河路站）2、3、6、61、82 路，（华林寺站）17、114、125、181、226、238、239、251、288、297、521、552 路。

南朝梁武帝普通七年（526 年），达摩到达广州后建寺庙西来庵。西来庵建成后，历隋、唐、宋、元、明、清诸代多次修葺，并经多次改建为砖木结构，“传灯不绝”，长盛不衰。清顺治十一年（1654 年），庵的住持宗符禅师募资扩建，增设了禅房、僧房、大雄宝殿，又开拓庭院、广植树木、引入流水，营造起一座更典雅幽静的颇具规模的佛教丛林，面积达 3 万平方米，并将西来庵改名为华林寺。寺坐西朝东，山门两侧各放两只石狮子和两只石鼓。山门石额上铭刻着“华林禅寺”四个字，进了山门，两端是星岩石塔，南面为一列平房，内有一间功德堂。功德堂的旁边有初祖达摩堂，堂内供奉达摩盘膝全身像。

04 李文田宅第

Li Wentian's Taihua Building

建筑类型： 民居建筑（Folk House/ Residential Architecture）

建造时间： 约 1890 年

地址位置： 多宝路多宝坊 27 号（27 Duobao Fang, Duobao Lu）

交　　通： 地铁 1 号线长寿路站 D1 出口；公交（宝华路站）6 路，（恒宝广场总站）541 路。

清代探花李文田宅第，民间称探花第，原是一座六开间大屋，屋中为四柱大厅的大宅，占地约 3800 平方米，西靠恩宁水道，正对黄沙柳波涌。原屋有门厅，正厅，左、右偏间，外廊和书偏厅、厨房等建筑物。内院约 300 平方米，除外廊、门厅、厨房为单层和大厅为一层半楼外，其余均为两层砖木建筑。大厅对向天井，环境幽雅。现建筑是经过后人改建的两层探花书轩“泰华楼”，建筑面积 400 多平方米，为一正两偏加书轩的书斋建筑，属岭南多典型的厅堂建筑。内庭园种有苦楝树、蕉树和棕竹，园中古井仍存当年之风貌。

05 八和会馆

Bahe Hall

建筑类型：会馆建筑（Guild Building）

建造时间：1889 年

地址位置：恩宁路 177 号（177 Enning Lu）

交　　通：公交（恩宁路站）2、3、82 路。

八和会馆为粤剧行馆，包括永和堂（武生）、兆和堂（生）、福和堂（旦）、庆和堂（净）、新和堂（丑）、德和堂（武打）、慎和堂（经营人员）、普和堂（棚面）等八个分堂及其宿舍，并附设方便所（赠药所）、一别所（殓葬所）、养老院和八和小学。

八和会馆始建于光绪十五年（1889 年），重修于 2003 年。现修复后的八和会馆占地约 100 多平方米，外部 3 层、高 5 米，内部为 2 层、深 36 米，与 500 多平方米的粤剧博物馆和 5000 多平方米粤剧广场形成广州首条粤剧戏曲文化特色一条街。八和会馆大堂设有一中心舞台，用于粤剧表演，大堂内部左侧悬挂有三大幅镂空雕、浮雕装饰画，右侧为四框大“满洲窗”，正面则是一个供奉粤剧鼻祖“光华师傅”牌位的大型神台。

06 莲香楼
Lian Xiang Lou

建筑类型： 餐饮建筑（Restaurant）
建造时间： 清光绪十五年（1889 年）
地址位置： 第十甫路 67 号（67 Dishifu Lu）
交　　通： 地铁 1 号线长寿路站 D2 出口；公交（宝华路站）6、15、61、530 路。

莲香楼的前身是在 1889 年创建的糕酥馆。光绪年间，糕酥馆改名为“连香楼”。现在莲香楼是广州最具传统特色的茶楼之一，占地约 200 平方米，临街高 3 层，入口处骑楼高约 6 米。月饼有“莲蓉第一家”之称。以品类繁多、精美可口的茶点吸引中外众多食客。莲香楼坐北朝南，砖木结构为主，内外装潢采用中国传统吉祥图案，并运用罗马柱式、彩色玻璃窗、铸铁通花等装饰。其中有以莲为主题的雕梁画柱，有硕大的莲花灯，还有厢房屏窗。

07 广州酒家
Guangzhou Restaurant

建筑类型： 餐饮建筑（Restaurant）
建造时间： 1939 年
地址位置： 文昌南路 2 号（2 Wenchang Nan Lu）
交　　通：（上下九步行街站）530 路。

广州酒家由陈星海创办，前身是西南酒家，坐落于广州市文昌南路与下九路交会处，以经营传统粤菜驰名，素有“食在广州第一家”之美誉。

1935 年，光复南路英记茶庄店主陈星海在这里开设了一间酒家，因店址面向西南而取名西南酒家。1938 年酒家毁于火灾，1939 年重建。1940 年冬，陈星海、关乐民、廖弼等人集股复业，并取“食在广州”之意将西南酒家更名为广州酒家。1950 年 2 月，广州酒家歇业，后由蔡伟汉出资复业。1956 年 2 月公私合营后成为国营企业。

广州酒家占地面积约为 4000 平方米，正立面高 3 层，坐东北朝西南。建筑平面为回廊式设计，内设天井，种有榕树，榕荫如盖。厅房布局合理，装饰富于传统气息，内部修饰富丽堂皇、高贵典雅，古色古香的“满汉宫”更是雍容华贵，整个酒家散发出一种传统的南国美感。

经典菜系：“南越国宴”将中原先进的烹调技艺与越地丰富的食物资源及饮食方式糅合在一起；“五朝宴”将唐、宋、元、明、清五朝的经典名菜与典故完美糅合；“满汉大全筵”其取料珍稀、技艺高超、器皿精致、排场繁复，在世界烹饪史上是屈指可数的，故有“天下第一宴”之称。

08 上下九商业步行街

Shangxiajiu Pedestrian Street

建筑类型： 商业街道（Commercial Street）

建造时间： 清末至民国初年（From Late Qing Dynasty to Early Republican Period）

地址位置： 上九路、下九路、第十甫路（Shangjiu Lu, Xiajiu Lu and Dishifu Lu）

交　　通： 地铁 1 号线长寿路站；公交（宝华路站）6、15、61、530 路,（上下九步行街站）530 路,（上九路站）2、3、6 路,（德星路总站）79 路,（德兴路站）17 路,（恩宁路站）2、3、82 路。

上下九步行街是广州市三大传统繁荣商业中心之一，蜚声海内外。全长约 1218 米，共有各类商业店铺 200 多间和数千商户。

早在 6 世纪 20 年代，这一带已是商业聚集。印度高僧达摩在此登岸传教，因而得名“西来初地”。明清时期，随着接待外国使者和商贾的怀远驿（在今下九路南侧）的设置、大观河的开通，以及十三行成为广州对外贸易重要口岸，商贸日益兴旺，一时间各国各地的商贾云集，成为广州最大的商贸集散地。后来十三行被火焚毁，商业逐步迁入上、下九路，至清朝末期该地为最繁荣，是广州与全国及海内外进行贸易往来的一个重要窗口。

在这里可以看到传统的西关建筑，包括西关大屋、竹筒屋、骑楼等。步行街的骑楼建筑连绵千米，始建于清代，是一条既吸取了外来建筑装饰，又有西关传统建筑风格，适应南方炎热多雨气候，可供商户、顾客在任何天气环境下进行商业活动的实用又美观的建筑长廊。步行街内大小食肆数十家，可以在此品尝到独具风味的粤菜与点心，体验“食在广州”的饮食文化。

09 西关大屋民居群

Xiguan Big Houses/Sai Kwan Tai Uk/Sai Kwan Mansion/ Original Xiguan Architecture

建筑类型： 民居建筑（Folk House/ Residential Architecture）

建筑时间： 清末至民国初年（From Late Qing Dynasty to Early Republican Period）

地址位置： 龙津西路西侧（West Longjin Xi Lu）

交　　通： 公交（多宝路口站）2、25、55、74 路。

清末至民国初年西关的传统民居建筑，具有浓厚的广州地方特色和风格。现荔湾区南至三连直街，东至龙津西路，西至西关上支涌，北至逢源沙地一巷的民居建筑群开辟为西关大屋建筑风貌旅游区。

西关大屋平面布局狭长，两侧为青云巷，多天井，内开敞，有利于夏季穿堂风而凉爽，多为名门望族、官僚巨贾所建。建筑砖木结构为主，其平面按中轴对称的正堂屋形式，基本上是以纵深方向展开，其典型平面为三开间，坐南朝北，中间为主要厅堂。中轴线由前而后依次为门廊、门厅、轿厅（茶厅）、天井、正厅（大厅或神厅）、头房（长辈房）、天井、二厅（饭厅）、二房（尾房）。两旁偏间前部左边为书房及小院，右边为偏厅和客房。西关大屋内部装饰多采用木刻的花楣、花罩、屏风和满洲窗，建筑立面门为水磨青砖墙，凹斗大门，条石门框，厚实的板门外设有趟龙门和矮角门等。

10 陶陶居
Tao Tao Ju

建筑类型：餐饮建筑（Restaurant）
建造时间：民国二十二年（1933 年）
地址位置：第十甫路 20 号（20 Dishifu Lu）
交　　通：地铁 1 号线长寿路站 D2 出口；公交（宝华路站）6、15、61、530 路。

陶陶居是广州饮食业中的老字号之一，秉承茶楼行业陈设风雅之传统，主营茶点、月饼、菜肴。由黄澄波创办，其创办时间一说是清光绪六年（1880 年），一说是光绪十九年（1893 年）。

陶陶居充满着岭南建筑风格。在该店于 1933 年重新营业时改建一番，占地 5100 平方米，外观为红墙绿瓦、雕梁画栋的民族建筑形式，当中大楼为 3 层钢筋混凝土结构，上盖置有六角亭，厅房宽敞明亮、陈设雅致、古色古香，建筑灰塑彩画装饰等极富岭南风格。内设卡座正厢、大观园、濂溪清舍、八卦图形等卡位，别具匠心。为了增添文人之清雅，室内墙壁挂上了名人字画、诗词对联，七彩玻璃屏风上则刻有诗画，供茶客欣赏。

11 詹天佑故居

The Former Residence of Zhan Tianyou

建筑类型：民居建筑（Folk House/ Residential Architecture）
建筑时间：清末民初（From Late Qing Dynasty to Early Republican Period）
地址位置：恩宁路十二甫西街芽菜巷 42 号（42 Yacai Xiang, Shi’erfu Xi Jie, Enning Lu）
交　　通：公交（宝华路站）6、15、61、530 路，（恩宁路站）2、3、82 路。

詹天佑故居为传统的西关大屋，建筑朴素而静穆。故居的陈设是参照一张在故居封藏了一个多世纪的旧玻璃底片来布置的，摆放有八仙台、几凳、睡椅等老家具，并用屏风把厅堂和睡房隔开。此外，一侧墙上还悬挂着一副对联；上写“幽芳淡冶仙为侣，傲骨嶙峋世所稀”，这是詹天佑的故友给他的语句，也是詹天佑一生的写照。詹天佑故居纪念馆收藏了大量遗物，包括京张铁路钢轨、京张铁路使用的铜铃、认购钢料的样板盒和詹天佑生前用过的画图仪器、字帖、墨碟，以及詹天佑自书履历、袁世凯抄给京张铁路修路人詹天佑的札文等仿真文件。

12 沙面租界
Shameen

建筑类型： 欧式建筑群（European Style Architecture Group）
建造时间： 清咸丰年间（Since 1859）
地址位置： 珠江白鹅潭北岸（North of the White Swan Lake）
交　　通： 地铁 1 号线黄沙站 D 出口；公交（市中医院站）1、6、9、25、57、64、75、81、105、123、176、181、188、208、209、217、236、270、297、538、556 路。

沙面是由珠江冲积而成的沙洲，故名。沙面曾称拾翠洲，占地面积 330 亩，原是清代西固炮台。第二次鸦片战争后，清咸丰九年（公元 1859 年），英、法侵略者凭着签订的不平等条约，以“恢复商馆洋行”为借口，强迫两广总督租借沙面，雇工修护河堤，填土筑基，形成沙面岛，咸丰十一年（1861 年）后沦为英、法租界。

沙面总平面规划道路呈三横五直、外环路的交通系统。建筑主要有领事馆、教堂、银行、邮局、电报局、商行、医院、酒店和住宅，另外还有俱乐部、酒吧、网球场和游泳场等，其住户多是各国领事馆、银行、洋行的人员，以及外籍的税务官和传教士。沙面岛上有 150 多座欧洲风格建筑，其中有 42 座特色突出的新巴洛克式、仿哥特式、券廊式、新古典式及中西合璧风格建筑，是广州最具异国情调的欧式建筑群。

13 白天鹅宾馆
White Swan Hotel

建筑类型： 宾馆（Hotel）
建造时间： 1983 年
地址位置： 沙面南街 1 号（1 Shameen Nan Jie）
交　　通： 公交（市中医院站）1、6、9、25、57、64、75、81、105、123、176、181、188、208、209、217、236、270、297、538、556 路。

白天鹅宾馆位于沙面西南侧，因临珠江白鹅潭而得名，是我国第一家由中国人自行设计、施工、管理的大型现代化宾馆。1980 年 11 月动工，1983 年 1 月竣工。建筑占地 3 万多平方米，建筑面积 9.2 万平方米，楼高 34 层，102.7 米，框架结构。由广东省旅游局与香港企业家霍英东旗下的维昌发展有限公司投资兴建，由岭南著名建筑师佘畯南、莫伯治主持设计。主楼外形平面呈扇状腰鼓形，有天鹅羽翼重叠之意，外墙面饰以白色喷涂和玻璃马赛克。室内有中庭“故乡水”景色，与室外园林相互呼应，空间层次丰富。裙楼分前庭、中庭和后院三部分。主楼西侧辟有室外游泳池。

14 粤海关大楼
Canton Customs House

建筑类型： 办公建筑（Office Architecture）

建造时间： 1916 年

地址位置： 沿江西路 29 号（29 Yanjiang Xi Lu）

交　　通： 公交（文化公园总站）38、81、105、538 路，（文化公园站）31、57、209、238、251、281、552 路。

粤海关大楼俗称“大钟楼”，由英国建筑师戴卫德迪克仿照欧洲新古典主义建筑形式设计，华昌工程公司承建，民国三年（1914 年）奠基，民国五年（1916 年 5 月）落成。

大楼坐北向南，建筑面积 4421 平方米，高 18.85 米，分 4 层，连钟楼共高 31.85 米，钢筋混凝土框架结构。东、南立面白色花岗石砌筑，西、北立面砌明口红砖墙。首层建成基座形式，用条石砌筑，使与上层光滑的圆柱和饰以花瓶的栏杆形成对比，正面和东侧柱廊全部双柱，仿罗马爱奥尼式巨柱通贯二三层，四层为罗马塔司干柱式。顶筑穹隆顶钟楼，钟楼四面各砌塔司干双柱，高 13 米，置大型四面时钟，内有 5 个大小不一的吊钟，为 1915 年英国制造。

15 粤邮政总局大楼

Canton Post House

建筑类型： 办公建筑（Office Architecture）

建造时间： 1916 年

地址位置： 沿江西路（Yanjiang Xi Lu）

交　　通： 公交（文化公园总站）38、81、105、538 路，（文化公园站）31、57、209、238、251、281、552 路。

粤邮政总局大楼建成于民国五年（1916 年），曾先后作为广东邮务管理局、邮电部广州邮局和广州市邮政局办公楼。最早的邮政大楼始建于 1897 年，1916 年毁于一场大火。1916 年由英国人丹备设计，在原址重建。1938 年，日军入侵广州时，在西堤一带放了一把大火，大楼再次遭劫。楼内门、窗和地板等全被焚毁，所幸整个框架并未倒塌。次年又由杨永堂设计，按原貌修复，一直沿用至今。2002 年 8 月被公布为省级文物保护单位。大楼为典型的欧式建筑，黄褐色的花岗石基石和巨大的廊柱略显斑驳，非常有气势，且充满历史感。

现粤邮政总局大楼改为广州邮政博览馆。设有三大展厅，展出面积近 1500 平方米。一楼为集邮展销中心，展示珍稀邮品和销售各类集邮品等；二楼展厅展示中国悠久的邮政通信发展历史和具有岭南特色的广州邮政历史变迁，包括早期通信、大清邮政、中华邮政和改革开放前的人民邮政等部分，反映古代邮驿通信、近代邮政和新中国改革开放前人民邮政的发展历史；三楼展厅展示改革开放后的广州邮政发展历程和未来展望等部分，介绍邮政通信科技发展的新成果，展望未来广州邮政的前景。

16 南方大厦
Nanfang Building

建筑类型： 商业建筑（Commercial Building）

建造时间： 1922 年

地址位置： 沿江西路 49 号（49 Yanjiang Xi Lu）

交　　通： 公交（南方大厦站）1、31、38、57、64、128、186、208、209、217、219、236、281、538、552、556 路。

建筑占地 1700 平方米，建筑面积 19267 平方米，楼高 65 米，分 12 层（十层以上为塔楼），是广州第一座钢筋混凝土结构的高层楼房。由澳洲华侨兴建，1918 年动工，1922 年建成。经营百货、旅业、酒店，天台为空中花园游乐场，设电梯运送客人，并有螺旋梯形斜道供小汽车上下。1938 年 10 月广州沦陷前大厦被焚毁，只剩下烧焦的骨架。中华人民共和国成立后，市人民政府请著名建筑师林克明组织工程技术人员到现场详细查勘，各方面专家共同进行了论证研究，认为可以修复。广州市设计院负责修复，1953 年年底动工，1954 年 9 月竣工，改称南方大厦，但已无螺旋形斜道和天台游乐场。

17 信义国际会馆
Xinyi International Place

建筑类型：公共建筑（Former Industrial Architecture/Commercial Building）
建造时间：2005 年 11 月改建（Rebiult in 11/2005）
地址位置：芳村大道下市直街 1 号（1 Xiashizhi Street, Fangcun Dadao）
交　　通：公交（芳村站）19、52、64、181、206、217、275、309、812、838 路。

信义国际会馆以前为 20 世纪五六十年代建设的水利水电大型机械制造厂。40 年后工厂机器的轰鸣声停止了。2005 年 11 月，工厂 12 栋车间中的 7 栋进行了重整，以 LOFT 生活区的姿态重现在人们面前，并从此更名为信义国际会馆。

这里的整体设计保留了厂房的基本结构，却以现代风格来改造屋子的门窗、墙面与诸多细节。用废旧的枕木来铺设庭院地面或做地脚线；斑驳潮湿的外墙被剥去，换成水泥、青砖或红砖；把从旧房拆下来的青砖收购回来，铺设地面与部分路面。而当年刻在厂房墙上的各种口号和整个区域内的 83 棵古榕树，都原封不动。

海珠区
Haizhu District

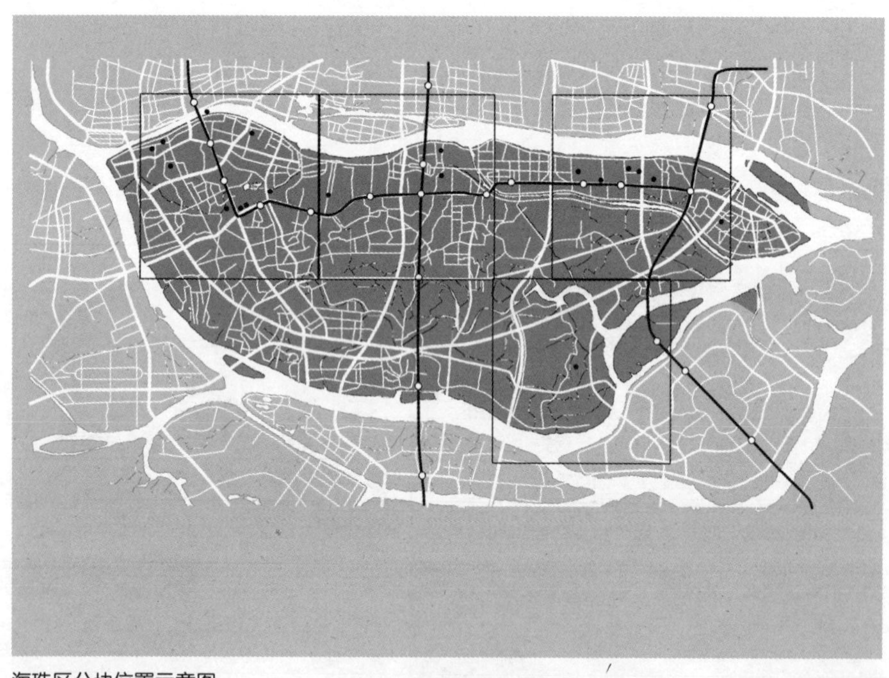

海珠区分块位置示意图

海珠区一分块建筑

Zone 1, Haizhu District

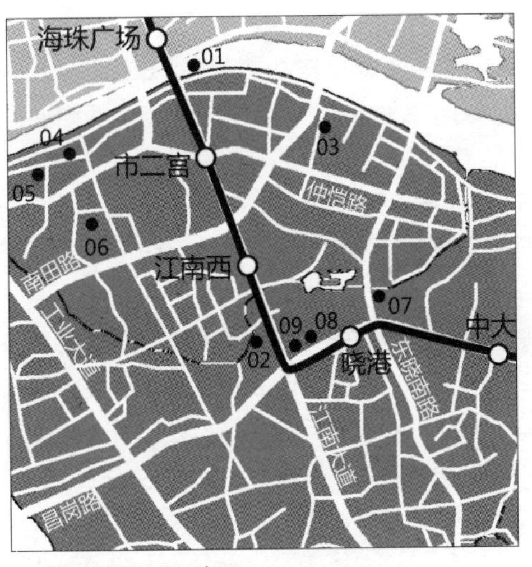

01 海珠桥
02 十香园
03 孙中山大元帅府
04 海幢寺
05 南华西街
06 邓世昌纪念馆
07 纯阳观
08 岭南画派纪念馆
09 广州美术学院

海珠区建筑位置示意图 1

01 海珠桥

Haizhu Bridge

建筑类型： 桥梁（Bridge）

建造时间： 1950 年

地址位置： 海珠广场（Haizhu Square）

交　　通： 地铁 2 号线至海珠广场站；公交（海珠桥底站）16、25、121、131A、131B、B21 路。

海珠桥是广州市第一座跨越珠江的大桥，全长约 360 米，主桥全长约 180 米，南北两跨对称布置。海珠桥 1929 年 12 月动工，1933 年 2 月建成通车，原为三孔下承式简支钢桁架桥，中跨为开启式结构，能向上分开，以利大船通过。1949 年，中孔钢梁被国民党军队炸毁。

1950 年 3 月 25 日，市政府开始重建海珠桥，桥长 486 米，正桥 182 米，桥宽 33 米，重建后的海珠桥桥面不能开合，桥上来回设有三线行车，两边亦设有行人路及自行车道，外观与原桥大致相同。

1974 年 12 月海珠桥扩建工程正式动工，在原桥两侧加宽各 11 米的预应力钢筋混凝土结构桥，桥跨与原桥一致，组合成一新的桥面体系。经扩建的海珠桥，新旧桥既独立又联体。1995 年 5 月至 1996 年 9 月，海珠桥在原桥上进行加固、维修。工程采用自锚式吊索方案，将中孔恒载转嫁到吊索上，原桥变为三孔连续自锚式悬索吊桥。

02 十香园
Shixiang Garden

建筑类型： 园林建筑（Garden）
建造时间： 1856 年
地址位置： 昌岗中路怀德大街 3 号（3 Huaide Street, Changgang Zhonglu）
交　　通： 地铁 2 号线江南西站 A 出口；公交（江南大酒店站）10、25、44、53、129、203、235、270 路。

十香园为清末著名画家居廉、居巢兄弟的居住、作画及授徒之所。占地 640 平方米，四周以青砖砌墙围成小院。园内有今夕庵、啸月琴馆、紫梨花馆等建筑，并种植素馨、瑞香、夜来香、鹰爪、茉莉、夜合、珠兰、鱼子兰、白兰、含笑等十种香花，故名“十香园”。1983 年，十香园被定为广州市文物保护单位。现存紫梨花馆一座。

馆内西部为居巢授徒处，岭南画派创始人高剑父、陈树人均曾学画于此。居巢、居廉在晚清画坛上享有盛名，十香园培养了广东、广西等地一大批美术人才，其中岭南画派创始人高剑父、陈树人为最出色的入室弟子，故十香园又称“岭南画派摇篮”。

03 孙中山大元帅府

The Memorial Museum of Generalissimo Sun Yat-sen's Mansion

建筑类型： 博物馆建筑（Museum）

建造时间： 1907 年

地址位置： 纺织路东沙街 18 号（18 Dongsha street, Fangzhi Lu）

交　　通： 公交（滨江路站）8、11、24、121、131A、131B、B21 路。

孙中山大元帅府前身为广东士敏土厂，始建于清光绪三十三年（1907 年），由澳大利亚建筑师亚瑟 · 威廉 · 帕内设计，现为全国重点文物保护单位。总占地面积为 8020 平方米，由南北两座主体大楼，东、西广场和正门等组成。两座主体大楼为三层券拱外廊殖民地式风格的建筑。

1917—1925 年间孙中山曾两次在这里建立大元帅府，领导中国民主革命。在此先后作出过许多重大决策，如组织护法运动、平定商团叛乱、领导收回关余斗争、改组国民党、酝酿第一次国共合作等，对近代中国民主革命产生了深远影响。孙中山逝世后，这里又成为国父文化教育馆两广分馆、国父纪念馆等。1998 年 10 月，大元帅府旧址被移交给广州市文物管理部门，筹建孙中山大元帅府纪念馆。

04 海幢寺
Haizhuang Temple

建筑类型： 佛教寺院（Buddhist Temple）

建造时间： 明末清初（From Late Ming Dynasty to Early Qing Dynasty）

地址位置： 同福中路 337 号（337 Tongfu Zhong Lu）

交　　通： 公交（海幢公园站）10、16、25、183、270、530、B21 路。

海幢寺始建于明末清初，迄今有 300 多年历史。它以寺貌庄严、殿宇雄伟、净域宏敞、佛缘鼎盛而闻名于世，被誉为广府五大丛林之一。现为广州市重点文物保护单位。

海幢寺历史悠久，林木参天，浓阴覆地，环境幽雅，景色宜人。“海幢春色”为昔日脍炙人口的羊城八景之一。名胜古迹和珍贵文物有海幢论鹰爪、十六罗汉、四大金刚、三须观音、猛虎回头石、海幢宫瓦、澹归碗、幽冥钟、星岩石塔等一大批，丰富多彩。

1923 开始用作公园，曾经是烛火旺盛旁小孩笑声连连的市民休憩地，2008 年开始恢复全用地左寺庙用途。

05 南华西街
Nanhua Xi Street

建筑类型：商业街道（Commercial Street）

建造时间：1926 年

地址位置：南华西路与同福西路之间（Between Nanhua Xi Lu and Tongfu Xi Lu）

交　　通：公交（大基头站）10、16、25、131A、270、530、B21 路。

南华西街是一条具有岭南特色的街道，地处珠江南岸。南华西街现属旧城风貌保护区，规划范围约 45.17 公顷，东至宝岗大道，西至人民桥，南面以岐兴南约、龙庆北、兴隆里等巷道为界，北面濒临珠江。东西长 950 米，南北宽 560 米。该区以街坊为主，建筑层数较低而密度较高，是传统居住形式的代表。

南华西开基于清乾隆四十一年（公元 1776 年），距今已 230 多年。是广州市传统的船运商务中心，依托珠江的航运业在历史上造就了这一带的商业繁华。昔日南华西的漱珠涌，两岸景色秀丽，漱珠桥是江北通向江南各乡村的交通要道，每到盛夏夜晚，画舫、花艇在漱珠涌上穿梭往返，成为民众、官绅观看珠江夜景游乐的好地方。南华西街得名于 1926 年，民国政府拆去龙溪西约、中约、福麟街、紫来街、冼涌、跃龙东街等，先后建成的街道，取“河南繁华发达之意”。

南华西街文物古迹丰富。骑楼分布在南华西路、洪德路和同福路，南华西路骑楼艺术性较高，整体风貌保存较好，骑楼建筑立面为“中西合璧”造型特征，即西方建筑风格与当地传统建筑风格融合而成。鳌州内街 13 号是中国同盟会广东分会旧址；1897—1902 年廖仲恺、何香凝在双清楼居住并开展辛亥革命活动；闽商潘振承于 1776 年建成位于栖栅南街潘家祠道的潘家大院能敬堂；位于同德里 6 号附近的江孔殷太史第，占地 5000 平方米，江孔殷是清末进士、翰林，广东道台；位于同福西路 166 号同寅医院旧址，是美国基督教同寅会在河南较早开设的医院；位于岐兴南约 22 号红楼花馆旧址，原是清末著名画家刘玉生画院；龙庆北 8 号为卢怀庆旧宅，卢是清朝翰林，其宅曾经作宝声影画戏院；位于洪德五巷 23 号基督教河南堂，占地 800 平方米，400 多座位。

06 邓世昌纪念馆
Deng Shichang Memorial Hall

建筑类型： 博物馆建筑（Museum）

建造时间： 1834 年

地址位置： 宝岗大道龙涎里 2 号（2 Longxian Li, Baogang Dadao）

交　　通： 公交（宝岗大道中站）5、53、121、243、244、250、270、273、527、530、552、B8 路。

邓世昌纪念馆于 1994 年纪念邓世昌殉国 100 周年时设立。馆址邓氏宗祠始建于 1834 年，为邓世昌之母为纪念爱子，用清政府的抚恤金将祖居扩建而成。

邓世昌于光绪二十年（1894 年）中日甲午海战英勇殉国后，清廷追封其为“从一品”官，故宗祠正门按一品官员规格，建 6 级台阶，以清代中晚期南方大祠堂的形式而建，成为一座三路、两进、三院、两庑，占地 4700 平方米的典型岭南祠堂式建筑。整座建筑以长条石为基础，高出地面 1 米后再用水磨青砖砌墙，以进口坤甸木为柱和梁架，屋顶是灰塑瓦脊、绿筒瓦面。主体建有前后座，用两廊相连，并在四角各建 1 座阁楼。另有东院和后花园、东西门楼、前院和照壁等。正门门额上书“邓氏宗祠”字样，两侧挂有“云台功首”、“甲午留名”的楹联。后花园有一棵紫荆树和一棵凤眼果树，据传为邓世昌当年赴威海前所植。花园外东面原有车马场，前来瞻仰者均在此下车，再步行前往祠堂拜。

1989 年 12 月，邓氏宗祠被定为市级文物保护单位。1999 年 9 月，海珠博物馆依托邓世昌纪念馆成立并开馆，两馆珠联璧合、同映生辉，常年对外开放。

07 纯阳观
Chunyang Temple

建筑类型：道教庙观（Taoist Temple）

建造时间：清道光四年（1824 年）

地址位置：海珠区五凤村漱珠岗（Shuzhu Gang, Wufeng Village）

交　　通：公交（瑞康路中站）25、276 路。

该观为道士、天文学家李明彻为祀吕纯阳所倡建，坐北朝南，依山构筑，高踞岗顶，石径幽深，多怪石、青松，占地 1 万余平方米。原有山门、灵官殿、大殿、拜房、东西廊房、步云亭、东西客房等 11 座建筑物，现仅存山门、灵官殿、大殿、拜亭、朝斗台及李明彻墓。其中朝斗台为李明彻观测天象之地，是广州现仅存的古观象台。

纯阳观内的灵官殿是供奉主宰人灵魂天宫的殿堂。早期道教以天、地、水为三元，主三元的神灵分别称天官、地官和水官。后期道教又以天、地、人为三元。人是万物之灵，主人的天官谓之“灵官”，这是道教的一种演变，也是玄虚道学中新增的一点人文意味。

纯阳殿是观中的主殿，供奉“纯阳子”吕洞宾。吕是八仙之一，又是全真道派“北五祖”之一，世称为吕祖。中国道观中，一般都附设有吕祖殿，唯有此观以“纯阳”来命名。

08 岭南画派纪念馆
Memorial Hall of Lingnan School of Painting

建筑类型： 博物馆建筑（Museum）

建造时间： 1991 年

地址位置： 昌岗东路 257 号，广州美术学院内（257 Changgang Dong Lu, Inside Guangzhou Academy of Fine Arts）

交　　通： 公交（广医二院站）25、53、69、70、82、125、188、190、197、206、226、239、250、253、270、273、299、546、548、565、812、813、B9、大学城 3 线路。

岭南画派纪念馆是收藏和陈列岭南画派作品的专门机构，位于广州美术学院内。1991 年 6 月建成开馆，建筑面积 3200 平方米，纪念馆的设计者是岭南建筑名家莫伯治和何镜堂。

纪念馆整体以白色为基调，由居中的主馆及位于东侧的招待所两部分组成，各抱地势，沿方塘而筑，构成方塘水院，富有岭南庭院画意。主馆中两层高的门廊和招待所的楼梯间造型均采用富于动感、雕塑感的体型，一侧临水而筑，有“临溪越地”的意境，另一侧倚楼而建，高低相望，抒发着两者之间的顾盼之情。主馆外部轮廓是流畅的曲线、壳体及壁面构图组成的有机整体。建筑从具象到抽象的构思，体型、空间、构造以至构图的处理，达到形神相同。现代展厅功能与岭南文化糅合在一起，表达了岭南画派的文化内涵实质。

09 广州美术学院
The Guangzhou Academy of Fine Arts

建筑类型：教育建筑（Educational Architecture）
建造时间：1953 年
地址位置：昌岗东路 257 号（257 Changgang Dong Lu）
交　　通：公交（广医二院站）25、53、69、70、82、125、188、190、197、206、226、239、250、253、270、273、299、546、548、565、812、813、B9、大学城 3 线路。

广州美术学院创建于 1953 年，现有昌岗东路和广州大学城两个校区，总占地面积约 37.8 万平方米，形成“一校两区”的办学格局。昌岗东路校区主要用于发展研究生教育，以及同等学力研究生班和继续教育及附属中等教育事业。大学城校区以本科教育为主。

昌岗东路校区校园总面积约 10.2 万平方米，院内绿树成荫，翠竹环绕。绿地上常年展示着师生们创作的雕塑作品，形成良好的艺术氛围。在学院新落成的 16 层教学大楼内，拥有符合各系专业特色的教室和设备完善的工作室、制作间。学院还建有美术馆、图书馆、计算机中心、岭南画派纪念馆等，为学院教学、科研创作、成果展示提供了良好条件。

海珠区二分块建筑

Zone 2, Haizhu District

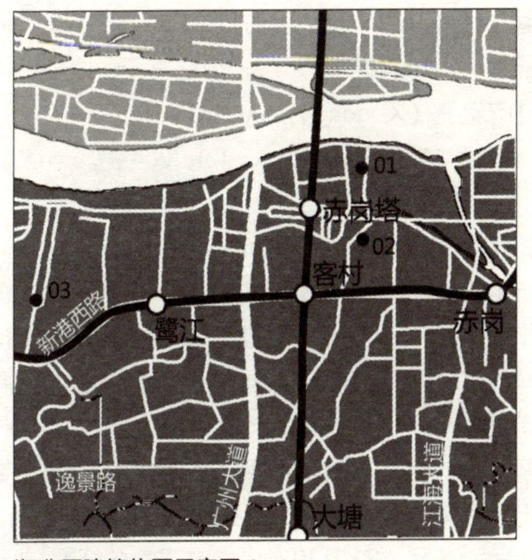

海珠区建筑位置示意图 2

01 广州新电视塔

02 赤岗塔

03 中山大学

01 广州新电视塔
Guangzhou New TV Tower

建筑类型： 公共建筑（Public Architecture）

建造时间： 2010 年

地址位置： 新港中艺苑路（Xingang Zhong Yiyuan Lu）

交　　通： 公交（珠江帝景苑总站）121A、121、204 路。

广州新电视塔由信基建筑事务所（Information Based Architecture）设计，建于广州市海珠区赤岗塔附近，距离珠江南岸 125 米，与海心沙岛及珠江新城隔江相望。是一座以观光旅游为主，具有广播电视发射、文化娱乐和城市窗口功能的大型城市基础设施，将为 2010 年在广州召开的第十六届亚洲运动会提供转播服务。

广州电视观光塔整体高度达到 610 米，将取代加拿大的西恩塔成为世界第一高塔，也将成为广州的新地标。新电视塔的外框筒由 24 根钢柱和 46 个钢椭圆环及钢斜撑组成，由下到上，截面由大变小，再由小变大，扭转而成。其中塔身主体 454 米，天线桅杆 156 米。塔身设计结合建筑、结构和美学，构成了一个纤细、挺拔、镂空、开放的外形效果。

02 赤岗塔

Chigang Pagoda

建筑类型： 公共建筑（Public Architecture）
建造时间： 明万历四十七年（1619 年）
地址位置： 海珠区赤岗五凤村（Wufeng Village, Chigang, Haizhu District）
交　　通： 地铁 3 号线至赤岗塔站 B 出口；公交（赤岗塔站）121、121A、204 路。

此塔为楼阁式青砖塔，平面八角形，内膛八角直井式。明万历四十七年由广东巡按王命璇倡建。工程未半时，因费用告绌而停顿，至天启年间（1621 — 1627 年）由尚书李待问续建而成。

塔的外观 9 级，内分 17 层，高约 50 余米。梯级为穿心壁绕平座式，盘旋至顶层。塔每级设神龛。塔基座由红砂岩垒砌，基面原为灰色斑岩铺砌，东边在后来修复时以花岗石补铺。塔基八角均镶有 16、17 世纪方人形象的托塔力士，神态生动，是广州明代石雕佳作，也是研究明代石雕与广州海外贸易的重要实物资料。

塔下岗土岩石皆呈红色，地名赤岗，海拔 20 至 30 米，四周原处珠江河水中，后被淤填为农田和鱼塘，明、清时形成村落。因此塔雄伟高耸，与东邻琶洲塔相呼应，成为珠江经广州出海口的风水双塔。

03 中山大学

Sun Yat-sen University

建筑类型： 教育建筑（Educational Architecture）

建造时间： 1888 年

地址位置： 新港西路 135 号（135 Xingang Xi Lu）

交　　通： 地铁 2 号线至中大站 A 出口；公交（中大站）14、53、69、80、88、93、184、188、190、197、206、208、211、226、250、263、264、270、565、823、B9、大学城 3 线路。

中山大学，简称“中大”。于 1924 年成立，现为教育部直属重点大学，位列 985 工程、211 工程。此校前身为孙中山手创的国立广东大学，后更名“国立中山大学”、“国立第一中山大学”，后又复前名。1952 年全国高校院系调整，以中山大学文理科和岭南大学文理科为主，并入其他一些院校有关系科，组成以文理科为基础学科综合性的新中山大学。1952 年 10 月 21 日，中山大学从广州的石牌迁至珠江南岸原岭南大学校址康乐园。

岭南大学是 1888 年创立的一所教会大学，其沿革为格致书院（1888—1900 年）、

岭南学堂（1900—1912 年）、岭南学校（1912—1918 年）、岭南大学（1918—1927 年）、私立岭南大学（1927—1952 年）。康乐园内，有一批建于 20 世纪初期至 30 年代的建筑物。2002 年 8 月，广东省文化厅批准将这批建筑物列为“广东省文物保护单位”，成为华南首家被列为文物保护单位的大学校园。

马丁堂建于 1906 年，又称东院，楼高三层，采用红砖钢筋水泥建造，由美国建筑师司徒敦设计；格兰堂建于 1912 年；基督教青年会楼建于 1913 年；怀士堂（青年会会所）建于 1915 年；迎宾楼（访客招待所），又称马应彪招待室，建于 1922 年；卡彭特楼（医院楼）建于 1919 年；亚德伍德抽丝实验室（蚕桑系实验室）、张弼士堂（华侨学校）建于 1921 年；史达理科学纪念大楼（科学馆）建于 1928 年；惺亭建于 1928 年，中国古典式建筑，用以纪念史坚如等殉国员生，由美国建筑师亨利 · 墨菲设计；十友堂（农科教学楼）建于 1929 年；哲生堂（工学院）、陆祐堂建于 1930 年，中国古典式建筑，均为亨利 · 墨菲设计。还有孙中山铜像、乙丑进士牌坊等。

大学学生宿舍爪哇堂（男生宿舍），第一座学生宿舍，建于 1920 年；荣光堂（男生宿舍），第二座学生宿舍，建于 1924 年；广寒宫（女生宿舍）建于 1933 年。希伦高屋（教职员宿舍）建于 1911 年；美臣屋（教职员宿舍）建于 1919 年；伦敦会屋（教职员宿舍）、黑石屋（钟荣光博士在校宿舍）建于 1920 年；宾省校屋（宾夕法尼亚大学来华职员宿舍）建于 1920 年，由美国宾夕法尼亚大学学生捐建；1925 年后所建的有同学屋（同学会所及校友教员住宅）、仰光屋、九如屋、广庇屋、积臣屋、高士屋、哥德屋等宿舍。

海珠区三分块建筑

Zone 3, Haizhu District

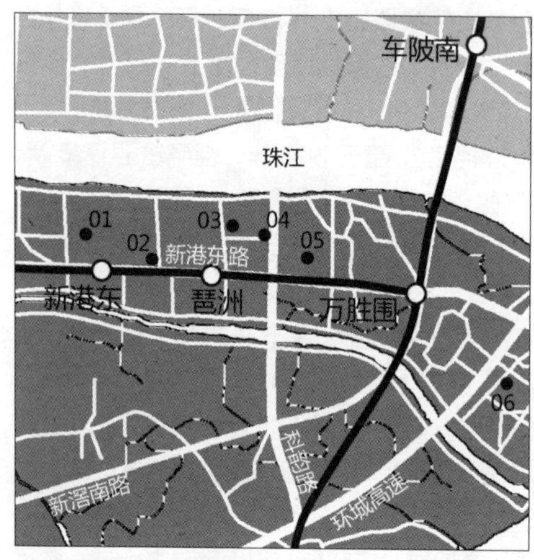

海珠区建筑位置示意图 3

01 广州国际会议展览中心
02 保利世界贸易中心
03 琶洲香格里拉酒店
04 保利国际广场
05 琶洲塔
06 黄埔村

01 广州国际会议展览中心

China Import and Export Fair Complex/Guangzhou International Convention and Exhibition Center

建筑类型： 公共建筑（Convention Center）

建造时间： 2008 年

地址位置： 阅江中路 380 号（380 Yuejiang Zhong Lu）

交　　通： 地铁 2 号线至琶洲站 A 出口；公交（国际会议展览中心站）229、262、304、B7、大学城 3 线路。

建筑方案由日本佐藤综合计画株式会社设计，将“飘”的立意充分反映在建筑形态中，隐喻从珠江吹向大地的风。建筑总面积达 70 万平方米，占地面积 92 万平方米。建筑造型以卷曲的形象将立面和屋面以曲面相连，造型新颖，标志性很强，与珠江的滨水环境相融合。会展中心采取“北低逐渐南高”的流线型设计，跌宕起伏、回转灵动的外观将一座巨构处理得轻盈、飘逸，极具音乐美感。

一条宽约 40 米、长近 450 米的“珠江散步道”既把会展中心内部分隔成两部分，同时也是和谐连接南北场馆和上下楼层的多功能通道。走进“珠江散步道”，人们可以手倚自动步梯隔窗观赏独具风情的棕榈树，欣赏珠江两岸风景，也可以在咖啡馆、休闲区与朋友畅谈。这建筑艺术与建筑技术高度融合的设计，具有鲜明的时代特征。

2004 年 4 月第 95 届广交会首次使用该展馆，2008 年 10 月第 104 届广交会起整体迁至该展馆。

02 保利世界贸易中心
Poly World Trade Center

建筑类型：商业建筑（Commercial Building）
建造时间：2008 年
地址位置：新港东路琶洲会展中心南侧（The South of Pazhou International Convention and Exhibition Center）
交　　通：地铁 2 号线至琶洲站 C 出口；公交（琶洲站）137、262、304、B7、大学城 3 线路。

保利世界贸易中心分三期实施：一期为博览馆自 2008 年 10 月投入使用；二期为品牌展示馆及展示性写字楼，在 2009 年 9 月陆续投入使用；三期国际公寓在 2010 年推出，五星级酒店预计于 2012 年投入经营。

保利世界贸易中心总建筑面积超过 50 万平方米，项目建成后将成为琶洲地区一流的具有国际先进水平的会展配套综合体。其中心整体呈现为一个巨大的矩形，设计秉承国际会展的现代建筑功能要求，对建筑整体进行外观上、功能上的整体协调，使整个建筑刚劲而又不失丰富的细部设计。港湾式的士停泊点、地铁通道等立体交通网络贯穿于整个建筑群中。

会展部分的设计，博览馆和品牌展示馆整体造型以正交矩形为基础，仿佛是座城中之城。博览馆外立面每隔 6 米呈现出不同的风格，分层交错排列，使整个会展部分的立面既具有统一的韵律，又富于细微的变化。此外，巧妙的连廊设计，让每个业态之间形成有机联系，在建筑群内部，形成自身的步行系统，体现出建筑群既分散独立又相互联通的建筑优势。

03 琶洲香格里拉酒店
Shangri-La Hotel, Guangzhou

建筑类型： 宾馆（Hotel）
建造时间： 2006 年
地址位置： 会展东路 1 号（1 Huizhan Dong Lu）
交　　通： 地铁 2 号线至琶洲站 A 出口；（琶洲大道东站）137、564 路。

酒店拥有 704 间豪华客房及套房，另设 26 间设计精巧的服务式公寓，面积均超过 42 平方米，从客房可尽览珠江的秀丽风光及幽雅的翠绿庭苑。酒店拥有多元化的休闲娱乐设施，包括：室内外泳池、气水疗服务、推杆果岭、网球场及慢跑道等。8 间风格各异的餐厅及酒吧，两间宴会厅和 8 间多功能厅，可迎合宾客多样化的宴会需求。酒店拥有 6000 平方米宽敞的会议场地，为宾客多元化及灵活性的会议需求提供最大的选择空间。2000 多平方米无柱珠江宴会厅层高达 11 米，设有固定的超大舞台及最先进的视听设施。

04 保利国际广场

Poly International Plaza

建筑类型： 商业建筑（Commercial Building）

建造时间： 2006 年

地址位置： 阅江中路 688 号（688 Yuejiang Zhong Lu）

交　　通：（琶洲大道东站）137、564 路。

保利国际广场坐落在新建商务区内，由美国 SOM 事务所设计。项目占地 5.7 万平方米，总建筑面积为 19.5 万平方米，地上部分 13.7 万平方米，地下 5.8 万平方米，由两栋 165 米、高 37 层的“超长板式”办公塔楼和两栋 3 层商业裙楼组成。

保利国际广场的两座大厦采用长条形的办公空间，保证光线能够最大限度地进入到内部。大厦朝北的一面用落地玻璃窗和垂直的百叶作遮挡，使北面的景观有高度的开放性。朝南的一面则暴露出结构框架。两座大厦之间的核心位置做有精致的中式花园，其中的植物和水景引人入胜。

05 琶洲塔

Pazhou Pagoda

建筑类型：公共建筑（Public Architecture）

建造时间：明万历二十八年（1600 年）

地址位置：海珠区新港东路、靠近珠江边（Xingang Donglu, Next to the Pearl River）

交　　通：公交（琶洲塔站）137、262、306、564 路。

琶洲塔是明代砖塔，坐落在海珠区琶洲。塔址原为珠江中洲渚，因两山连缀形如琵琶，故名琶洲，塔以洲名。琶洲塔古代屹立珠江江心，似中流砥柱，又因塔可作导航的标志，故有“省城华表”之称。

琶洲历史上也曾经是古代著名的海港，叫琶洲港，是广州海上丝绸之路的重要遗址。传说当年珠江中常有金鳌浮出，所以原称海鳌塔；因建塔的山冈如琵琶，后称为琶洲塔。琶洲塔内膛为八角直井式，外观 9 层，内分 17 层，高 50 余米。塔基直径 12.7 米，壁厚 3.97 米，辟 3 门。第 2 层起，每层相对错开，各面设有佛龛。塔基八角均镶有石刻托塔力士，刻工古朴，为明代石雕佳作。当年，在琶洲未与珠江南岸相连时，冈顶的琶洲塔俨如中流砥柱，故“琶洲砥柱”被列为清代羊城八景之一。

06 黄埔村

Huangpu Village

建筑类型：村落（Historical Village）

建造时间：约 1600 年前（About 1600 yesrs ago）

地点位置：海珠区东部，濒临珠江（The East of Haizhu District, Next to the Pearl River）

交　　通：公交（黄埔村站）137、262 路。

广州海珠区的黄埔村作为明清时期对外交通贸易的重要港口，在清康熙年间已发展成有数千人的市镇，极具中国滨海古城镇特色。辉煌的历史给当地留下大量的古民居、祠堂、神庙，以及古码头、海关、税馆等历史文化遗址。

有始建于宋代的黄埔村标志性建筑物——北帝庙（玉虚宫）；清朝顺治帝开的港口——黄埔古港；建于乾隆年间的胡氏宗祠；有“十三行”之一天宝行行主梁经国生活过的地方——左垣家塾；有保存完好的街巷门楼——“萃贤”门楼；蚝壳屋——胡栋朝故居；主山冯氏公祠；还有一座东洋风格的日本楼、广府建筑——镬耳屋等。

海珠区四分块建筑
Zone 4, Haizhu District

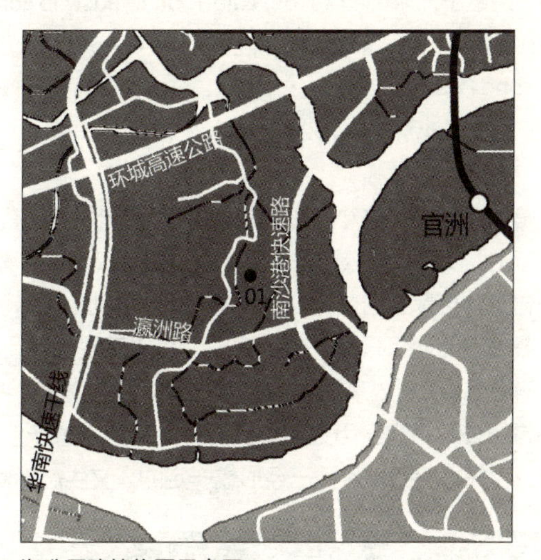

01 小洲村

海珠区建筑位置示意图 4

01 小洲村
Xiaozhou Village

建筑类型： 村落（Historical Village）
建造时间： 始建于元末明初（From Late Yuan Dynasty to Early Ming Dynasty）
地址位置： 海珠区东南端，南临珠江南河道（The southeast of Haizhu District, south to the Pearl River）
交　　通： 公交（小洲站）252 路，（小洲总站）45 路。

小洲是珠江几千年来冲积形成的，境内河涌长达 10 公里。这里果树成片，村民世代以种果为生。瀛洲生态公园与附近的果林共约 2 万亩，素有广州“南肺”之称。

小洲村至今仍保留着岭南水乡最后的小桥流水人家。民居沿河而建，居民枕河而居。村里最奇特的建筑是蚝壳屋，建筑材料主要是蚝壳，再拌上黄泥砌成，至少已有五六百年的历史。简氏大宗祠、天后宫和玉虚宫三处是小洲村具有历史文化意义的建筑。

小洲村正在利用自身历史文化资源，文化朝创意产业这个方向逐步发展，吸引更多艺术家及相关行业的进入，已经形成一定的人文生态环境。

天河区
Tianhe District

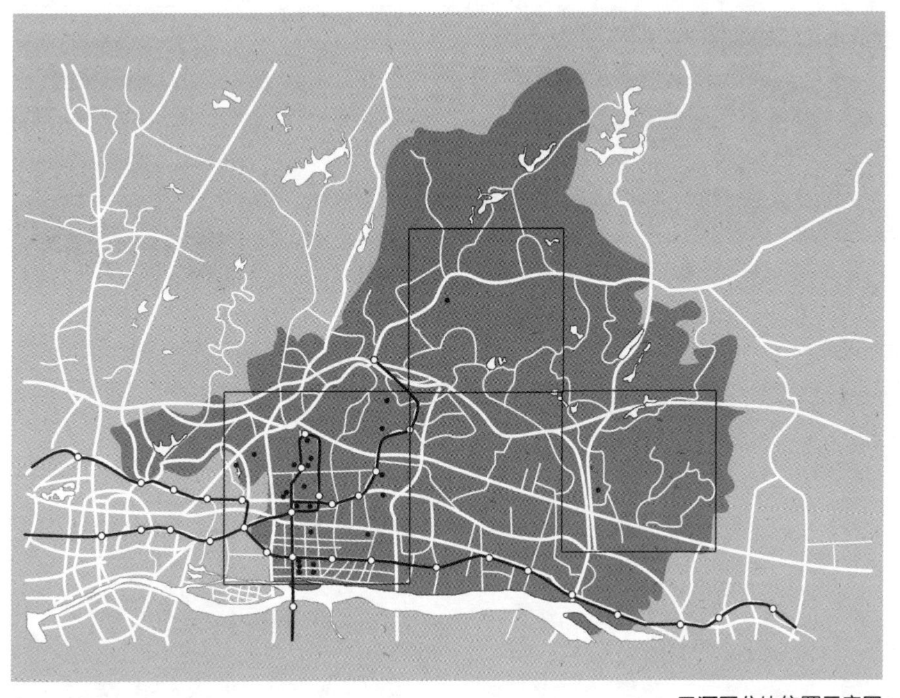

天河区分块位置示意图

天河区一分块建筑

Zone 1, Tianhe District

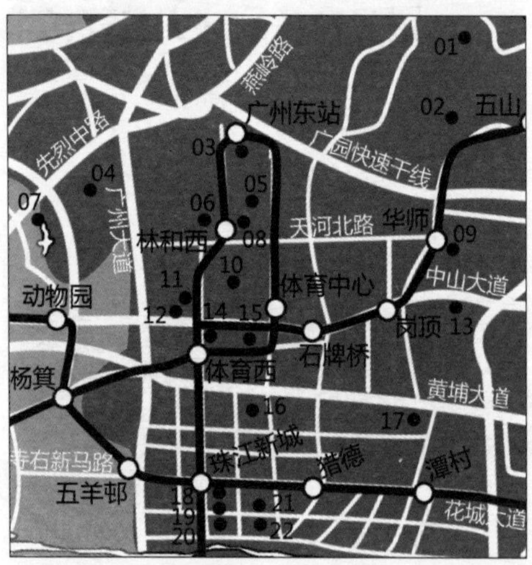

天河区建筑位置示意图 1

01 华南农业大学
02 华南理工大学
03 广州新火车东站
04 十九路军抗日阵亡将士陵园
05 天誉威斯汀酒店
06 中国市长大厦
07 广州海洋馆
08 中信大厦
09 华南师范大学
10 天河体育中心
11 维多利广场
12 广州购书中心
13 暨南大学
14 天河城广场
15 正佳广场
16 珠江新城
17 红线女艺术中心
18 广州珠江新城西塔
19 广州市第二少年宫
20 广州歌剧院
21 广州新图书馆
22 广东省博物馆新馆

01 华南农业大学
South China Agricultural University

建筑类型：教育建筑（Educational Architecture）
建造时间：1952 年
地址位置：五山路 483 号（483, Wushan Lu）
交　　通：广州校本部：地铁 3 号线五山站 A 出口；公交（华农大正门站）20、41 短线、78、197、218、234、405 路。

华南农业大学为一所综合性大学，是广东省和农业部“九五”、“十五”共建“211 工程”中国重点大学。环境优美，景色宜人。华南农业大学悠久的办学历史可追溯至始创于 1909 年的广东省农事试验场暨附设农业讲习所。1952 年，在中国高校院系调整时，由原中山大学农学院、岭南大学农学院和广西大学农学院畜牧兽医系及病虫害系的一部分合并成立华南农学院，隶属农业部主管。毛泽东主席亲笔题写了校名。1984 年，更名为华南农业大学。其五山校区也是原中山大学民国时期的校址处，由于中山大学原校址十分庞大，故为两个学校所分：华南工学院和华南农学院。

全校土地面积 553.1 公顷，其中广州校本部土地面积 295.57 公顷；增城教学科研基地土地面积 257.53 公顷。校舍总建筑面积 130 万平方米。华南农业大学五山校区被城市发展中的高速公路分割成三个区，分别是主校区、启林区和泰山区。主校区面积最大，学校主要的行政办公地点和图书馆总馆都在该区，这里拥有学校最多的资源，教学环境和条件也是最好的。第一教学楼、第二教学楼、第三教学楼均位于此区。启林区是华农最新建设的一个区，住着 1.8 万名大学生，第五教学楼位于此区。五山学生公寓位于泰山区，第四教学楼和东区公共基础课教学实验大楼也位于此区。华南农业大学校园风光优美，具有浓郁的亚热带景观环境。

02 华南理工大学
South China University of Technology

建筑类型：教育建筑（Educational Architecture）

建造时间：1952 年

地址位置：五山路 381 号（381, Wushan Lu）

交　　通：五山校区：地铁 3 号线五山站 C 出口；公交（华工大总站）22、32、230、306、大学城 2 线路，（华工大站）20、41 短线、78、197、218、234、266、405、B10 路。

学校原名华南工学院，组建于 1952 年全国高等学校院系调整时期，由包括中山大学、岭南大学、湖南大学、广西大学等几所当时中国著名大学在内的中南 5 省 12 所院校的有关系科调整合并而成。1960 年成为全国重点大学；1981 年经国务院批准为首批博士和硕士学位授予单位；1988 年 1 月更名为华南理工大学，为“211 工程”和“985 工程”大学。

华南理工大学分为两个校区，北校区位于广州市天河区五山高校区，南校区位于广州市番禺区广州大学城内。学校占地面积 4417 亩（其中南校区 1677 亩）。北校区湖光山色交相辉映，绿树繁花香飘四季，民族式建筑与现代化楼群错落有致，是教育部命名的“文明校园”；南校区是一个环境优美、设施先进、管理完善、制度创新的现代化校园。

华南理工大学北校区为原中山大学民国时期的校址处，风景秀丽，山清水秀。2002 年，华南理工大学建校 50 周年时，经过全校师生的投票，选出了“华工十景”：北湖晚照（北湖）、凤山雅筑（12 号楼）、西湖岛影（金银岛）、古石生辉（校训石）、灵石育英（致远石）、伟人英姿（中山像）、黉门晨光（南门）和平湖钟声（人文馆）等。

03 广州新火车东站
Guangzhou East Railway Station

建筑类型： 交通建筑（Transit Architecture）
建造时间： 1997 年
地址位置： 天河区林和中路（Linhe Zhonglu, Tianhe District）
交　　通： 地铁 1 号线、3 号线到广州东站；公交（广州火车东站总站）41、43、45、62、122、175、183、185、195、209、214、233、256、263、271、280、283、302、501、551、606、804、808、810、841、884、B19、B20 路。

广州东站是我国第一条准高速铁路的起始站，是广州建设的重要标志和对内联系、对外开放的窗口。广州东站主要承担广（州）深（圳）线、广（州）九（香港九龙）线、广（州）汕（头）以及华东方面经京九铁路分流进入广州地区的旅客列车始发终到。

广州东站主要由前广场、客运楼、塔楼、站场四部分组成，总占地面积 41 公顷。站前广场由高架人行广场层、机动车层、地下三层组成，形成人、车分层分流，室内公交车站、地下停车场、地铁的立体格局；客运楼总建筑面积 114197 平方米，由客运、广九直通车联检、商业场地等组成，并预留北面连接广园东路的站房。站场拥有 19 条股道，5 条旅客站台。

04 十九路军抗日阵亡将士陵园

The Memorial Mausoleum of the Martyrs of Nineteenth Route Army

建筑类型： 纪念性建筑（Commemoration Park）
建造时间： 1933 年
地址位置： 水荫路 113 号（113 Shuiyin Lu）
交　　通： 公交（十九路军陵园站）6、27、78、192、199、547 路。

十九路军抗日阵亡将士陵园是为纪念国民革命军第十九路军 1932 年“一 · 二八”淞沪抗日战役中阵亡将士，于 1933 年由华侨捐资建成的。总占地面积 6.2 万平方米。整座陵园建筑规模宏伟，布局严谨，造型庄重典雅，南北走向的墓道形成一条十分明显的中轴线。主体建筑均用花岗岩石砌成，是一座富有古罗马建筑风格的陵园。园内有凯旋门、战士墓、抗日亭、英名碑、先烈纪念馆、将士墓、将军墓和先烈纪念碑等纪念性建筑物，以及浮雕墙、航空纪念碑等景观。

05 天誉威斯汀酒店
The Westin Guangzhou

建筑类型：宾馆（Hotel）
建造时间：2007 年
地址位置：林和中路 6 号（6, Linhe Zhong Lu）
交　　通：地铁 3 号线在林和西站 D 出口；公交（林和中路站）43、45、62、122、175、183、209、256、271、501、508 快线、804、808、841、884、B19 路。

广州天誉威斯汀酒店地处广州繁华商业区，毗邻中信大厦、购物中心、广州火车东站。天誉威斯汀酒店楼高 40 层，客房 448 间，设备齐全，拥有多功能设施、各种会议室，能够召开不同的会议，举办各种活动和提供不同需求，还有健身俱乐部和多功能治疗作用的水疗设施。广州天誉威斯汀酒店内设 5 间不同风味的餐馆和酒吧：提供粤菜的中餐厅、大堂贵宾厅、拥有现场演出和古巴雪茄贵宾厅的拉美风情餐厅，以及位于顶层，能将城市美景尽收眼底的意大利高级餐厅和贵宾厅。

06 中国市长大厦
China Mayors Plaza

建筑类型： 商业建筑（Commercial Building）
建造时间： 1996 年
地址位置： 天河北路 189 号（189 Tianhe Bei Lu）
交　　通： 地铁 3 号线到林和西路站 C 出口。

中国市长大厦是一座功能齐全的酒店及商厦，楼高 28 层，建筑面积 2.3 万平方米。建筑风格独特，外墙壁采用金色玻璃幕墙，大厦入口处设有罗马广场，广场上有雕柱环形走廊。大厦地处广州天河区新城市中轴线上，汇聚了广州市的科技中心、体育中心、商业中心、文化中心、金融中心、交通中心。原国务院总理李鹏曾于 1996 年和 1997 年先后两次莅临市长大厦考察。1998 年 11 月，中国市长大厦被评为“我最喜欢的广州现代建筑”。

07 广州海洋馆
Guangzhou Aquarium

建筑类型： 公共建筑（Public Building）

建造时间： 1997 年

地址位置： 先烈中路 120 号动物园内（120 Xianlie Zhonglu, Inside the Guangzhou Zoological Garden）

交　　通： 公交（动物园站）6、11、16、65、78、85、192、199、201、219、236、271、290、535、547、833、862、B17 路，（动物园总站）74、84、127、220 路。

广州海洋馆位于广州动物园内，1997 年起对游人开放，集游乐、观赏、科研、教育多功能为一体，以陈列展览海洋鱼类为主。

全馆占地面积为 1.5 万平方米，馆内放养着两百多种鱼类及其他独特、罕见的海洋生物。主要的景观有：海底隧道、深海景观、18 米长的热带珊瑚缸、珍品缸、触摸池、淡水世界、锦鲤池、鲨鱼馆、海狮乐园等，被誉为“广东海洋科普教育基地”和“全国科普教育基地”。

08 中信大厦
CITIC Plaza

建筑类型： 办公建筑（Office Architecture）
建造时间： 1996 年
地址位置： 天河北路 233 号（233 Tianhe Bei Lu）
交　　通： 地铁 3 号线到林和西站 D 出口；公交（林和西路站）41、43、45、62、122、183、185、195、209、233、256、263、271、280、283、302、501、508、551、804、808、810、841、884、B19、B20 路。

中信广场占地 2.3 万平方米，总建筑面积 29 万平方米，由一幢 80 层的主楼和两幢 38 层的副楼组成。1997 年建成时为当时中国的最高建筑，现在仍是华南地区第一高楼。中信商业大厦大堂楼高 17.7 米。大堂内部柱位少，间隔灵活并且实用，堂内大面积的玻璃幕墙使得视野非常开阔，而且配套设施十分齐备，包括光纤通讯、卫星天线、中央空调、后备电源、1 万条 IDD 电话和传真线路、34 部日立高速电梯等。地下设有两层停车场。

09 华南师范大学
South China Normal University

建筑类型： 教育建筑（Educational Architecture）

建造时间： 1951 年

地址位置： 天河区石牌路（Shipai Lu）

交　　通： 石牌校区：地铁 3 号线华师站 D 出口；公交（师大暨大站）615、B1、B2、B3、B4、B5、B6、B9、B12、B13、B16、B20、B21、B25、B27 路。

华南师范大学的前身最早可追溯到创建于 1921 年的广州市立师范学校，以后又多次改名为勷勤大学师范学院、勷勤大学教育学院、广东省立教育学院、广东省立文理学院等。1951 年，中山大学师范学院及华南联合大学教育系并入，学校改名为华南师范学院。1952 年全国大专院校调整中，岭南大学教育系、广西大学教育系、湖南大学地理系、南昌大学师范部和海南师专并入，成为一所文理综合的师范学院。1982 年 10 月，经广东省人民政府批准，华南师范学院易名为华南师范大学至今。

现华南师范大学是一所哲学、经济学、法学、教育学、文学、历史学、理学、工学、管理学等学科齐全的省属重点大学。学校现有广州石牌、广州大学城和南海 3 个校区，以及增城学院一个本科独立学院。占地面积共 3059 多亩，校舍面积共 126 万平方米。其中多功能信息化图书馆 3 座，总建筑面积达 8.8 万平方米 ，藏书 320 多万册。校园环境优美，景色宜人，人文景观遍布，文化气息浓厚，为广大师生提供了良好的学习、工作和生活环境。

10 天河体育中心
Tianhe Sports Center

建筑类型： 体育建筑（Stadium）

建造时间： 1987 年

地址位置： 天河路（Tianhe Lu, Tianhe District）

交　　通： 地铁 3 号线到体育中心站 C 出口；公交（体育中心站）78、89、233、245、289、540、545、551、810、B1、B2、B3、B4、B5、B6、B9、B10、B12、B13、B21、B25、B27 路。

广州天河体育中心总占地面积 51 万平方米，是广州目前最大的体育场地。天河体育中心主要由体育场、体育馆、游泳馆三大场馆组成。1995 年在国家体委提倡全民健身活动的号召下，体育中心率先实行了全面开放，修建了全国第一条健身路径，并增建了树林舞场、露天羽毛球场、乒乓球活动区、儿童活动区、健身小区、篮球俱乐部等各种群体设施，同时还配有园林绿化环境。既可举办各种体育比赛，又可举办各类大型博览会，集健身、娱乐、休闲和展示于一体。

11 维多利广场

Vitory Plaza

建筑类型： 办公建筑（Office Architecture）

建造时间： 21 世纪初（early 21st century）

地址位置： 体育西路 101 号（101, Tiyu Xi Lu）

交　　通： 地铁 1、3 号线在体育西路站 D 出口；（维多利广场站）78、89、263、280、551、810 路。

维多利广场位于天河 CBD 中心区的核心地段，坐落于体育西路与繁华的天河路的交会点上，毗邻天河体育中心、广州购书中心等地标建筑，以人行隧道与广州大型商城天河城广场、正佳广场相连，由广州城建开发设计院有限公司设计。项目占地约 2 万平方米，总建筑面积约 1.5 万平方米。A 塔楼为大开间，52 层写字楼，单层建筑面积 1300 多平方米；B 塔楼为 36 层中小面积办公区域，还有将近 3 万平方米的地下大型停车场。

12 广州购书中心

Guangzhou Books Centre

建筑类型：商业建筑（Commercial Building）

建造时间：1994 年

地址位置：天河路 123 号（123 Tianhe Lu）

交　　通：地铁 1、3 号线到体育西站 D 出口；公交（维多利广场站）78、89、263、280、551、810 路，（天河城广场站）130、195、233 路。

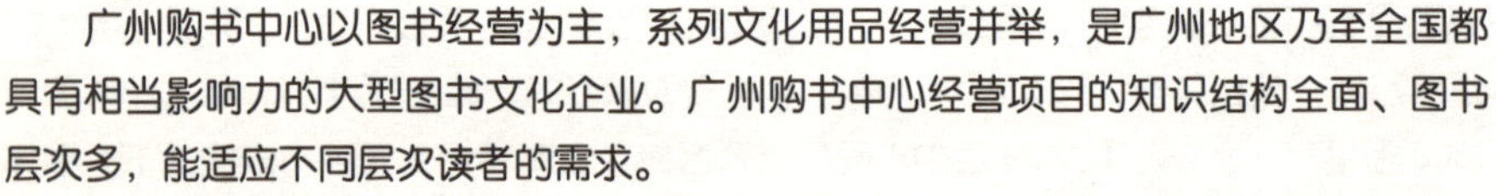

广州购书中心以图书经营为主，系列文化用品经营并举，是广州地区乃至全国都具有相当影响力的大型图书文化企业。广州购书中心经营项目的知识结构全面、图书层次多，能适应不同层次读者的需求。

对外经营场地从负一楼至五楼，楼层分布为：负一楼音像部，经营各类音像制品，并设有餐厅；一楼设总服务台，并经营社会科学图书和时尚休闲读物；二楼文教少儿部经营文化教育、外语图书、学生辅导教材及少儿读物；三楼文学美术部经营文学、美术、古籍、体育图书及用品，并设有以经营外版书为主的三联书店；四楼科技部主要经营科技类图书、医学著作、计算机读物和多媒体软件；五楼是由出版社和民营小书店组成的图书市场；六楼为展览厅；九楼是多功能会议厅。

13 暨南大学
Jinan University

建筑类型： 教育建筑（Educational Architecture）
建造时间： 1958 年
地址位置： 黄埔大道西 601 号（601 Huangpu Dadao Xi）
交　　通： 公交（师大暨大站）615、B1、B2、B3、B4、B5、B6、B9、B12、B13、B16、B20、B21、B25、B27 路。

暨南大学是中国第一所由国家创办的华侨学府，是中国第一所招收外国留学生的大学，是目前全国境外生最多的大学，将近一半学生来自海外，是中国内地国际化程度最高的大学，是国家“211 工程”重点综合性大学，直属国务院侨务办公室领导。“暨南”二字出自《尚书 · 禹贡》篇:“东渐于海，西被于流沙，朔南暨，声教讫于四海”。意即面向南洋，将中华文化远播到五洲四海。学校的前身是 1906 年清政府创立于南京的暨南学堂，后迁至上海，1927 年更名为国立暨南大学。抗日战争期间，迁址福建建阳。1946 年迁回上海。1949 年 8 月合并于复旦、交通等大学。1958 年在广州重建。

暨大学科健全、优势学科明显，同时具备“国际性”、“外向型”的特点。学校名牌专业以新闻、经管为主。麦可思公司发布的“2008 年度大学就业能力排行榜”显示，其毕业生就业能力和薪酬在全国排名第十三。1995 年，国立暨南国际大学在台湾复校，从此暨南大学在海峡两岸开始了共同发展之路。

14 天河城广场

Tee Mall

建筑类型： 商业建筑（Commercial Building）

建造时间： 1996 年

地址位置： 天河路 208 号（208 Tianhe Lu）

交　　通： 地铁 1 号线、3 号线到体育西路站 D 出口；公交（天河城站）130、263、280 路，（体育中心站）78、89、233、245、289、540、545、551、810、B1、B2、B3、B4、B5、B6、B9、B10、B12、B13、B21、B25、B27 路。

天河城于 1996 年 8 月 18 日正式开业，是中国内地最早的 Shopping Mall，年平均人流量超过 1.2 亿人次。

天河城坐落于广州城市新中轴线上，位于天河商圈的中心位置，毗邻广州 CBD 中央商务区、天河体育中心和广州火车东站。天河城集购物、游览、美食、娱乐、休闲、商务、广告、信息、展览、康体等多功能于一体，是一座规模宏大、功能齐全的现代型综合购物中心，被誉为“中国第一商城”。

15 正佳广场
Grandview Mall

建筑类型： 商业建筑（Commercial Building）
建造时间： 2003 年
地址位置： 天河路 228 号（228 Tianhe Lu）
交　　通： 地铁 1 号线到体育中心站 D3 出口；公交（体育中心站）78、89、233、245、289、540、545、551、810、B1、B2、B3、B4、B5、B6、B9、B10、B12、B13、B21、B25、B27 路。

正佳广场占地面积 5.7 万平方米，总建筑面积 42 万平方米。其中购物中心面积 30 万平方米，地上 7 层，地下 2 层半；西塔楼是 48 层酒店，东塔楼为 25 层写字楼；总车位 1500 个。正佳广场以世界级商业中心为定位，设施配套齐全。建筑内部有空间层层递增的剧场式设计、"金三角" 客流引导体系、挑高 7 米的 7000 平方米园林生态中庭、广州风情博物馆、国际电影城、大型室内主题乐园、"儿童反斗城"、室内水族馆和水文瀑布喷泉和容纳近 20 家餐厅的超大型美食广场等。

16 珠江新城

Zhujiang New Town

交　　通：地铁 3 号线珠江新城站。

1992 年开始规划的珠江新城，用地规模 6.19 平方公里。珠江新城建成后以冼村路为界，分东、西两区，东区以居住为主，西区以商务办公为主，两区以珠江滨水绿化带和东西向商业活动轴线贯通。在广州城市中轴线和珠江新城景观轴的交会处，规划拟建多个标志性建筑，如广州歌剧院、博物馆、图书馆、青少年宫等重要公共设施，以及中轴线广场群、海心沙市民广场等。

17 红线女艺术中心

Hong Xian Nv Art Center

建筑类型：文化建筑（Theatre）

建造时间：1998 年

地址位置：珠江新城海安路 363 号（363 Hai'an Lu, Zhujiang New Town）

交　　通：公交（红线女中心站）138、545 路。

红线女艺术中心位于广州珠江新城，是广州市政府为表彰红线女对中华优秀文化艺术的卓越贡献而投资兴建的。

红线女艺术中心由中国科学院资深院士、建筑大师莫伯治设计，占地面积 3000 多平方米，建筑面积 5000 多平方米，是一座以展览厅、小剧场为主体的综合性现代化建筑。红线女艺术中心是收藏、展示、展演红线女艺术成就，开展国内外艺术交流、学术探讨和培训粤剧人才的专门场所，是广州文化建设的一个独具一格的景点。

18 广州珠江新城西塔

Zhujiang New Town's West Tower

建筑类型： 办公建筑（Office Architecture）

建造时间： 2009 年

地址位置： 珠江新城珠江西路（Zhujiang Xilu, Zhujiang New Town）

交　　通： 地铁 3 号线珠江新城站 B1 出口。

广州珠江新城西塔，楼高 432 米，楼高位列世界第六、中国内地第二，在世界超高层建筑中占有一席之地。

西塔占地面积 3.1 万平方米，总建筑面积约 45 万平方米，由地下 4 层、地上 103 层的主塔楼和 28 层的附楼组成。建筑结构采用钢管混凝土巨型斜交网格外筒与钢筋混凝土剪力墙内筒的结构体系，在世界超高层建筑中是唯一的一例。建筑内部设有双酒店大堂，分别位于首层和 70 层，69 到 100 层为超白金五星酒店，为中国最高的酒店，其中 99 层到 100 层为观光层、餐饮层和休闲中心，并设有中国最高的游泳池。

19 广州市第二少年宫

Guangzhou 2nd Children's Palace

建筑类型： 教育建筑（Educational Architecture）

建造时间： 2005 年

地址位置： 华就路 273 号（273 Huajiu Lu）

交　　通： 地铁 3 号线珠江新城站 B1 出口。

广州市第二少年宫位于广州新城市中轴线上的珠江新城内，总建筑面积 4.6 万平方米，总投资约 3.5 亿元。整栋建筑给人以由内而外的通透感与明亮感，立面和屋顶可以作为节日和活动时主题投影图的屏幕。外部形象从南至北由弧形 6 层和方形 7 层组合而成，中间有椭圆形的玻璃塔贯穿 7 层插入其中，连接南北两个形体，整座建筑像卧倒的字母“K”。

考虑到少年儿童的好动天性，少年宫安排了足够的室外活动场所，布置了红领巾广场、文化生态广场、家长休息等候广场，以及少年宫室外活动基地生态广场。再通过生态广场与城市文化广场相连，近万平方米的开敞广场空间是少年宫的中心。

第二少年宫可同时容纳 2 万名少年儿童活动（包括室外活动场地），使用重点放在文化、艺术和国际交流方面。

20 广州歌剧院
Guangzhou Opera House

建筑类型：观演建筑（Theatre）
建造时间：2010 年
地址位置：天河区华就路（Huajiu Lu, Tianhe District）
交　　通：地铁 3 号线珠江新城站 B1 出口。

广州市歌剧院由世界著名设计师扎哈 · 哈迪德主持设计，位于珠江新城华就路。广州歌剧院占地面积约 4.2 万平方米，总建筑面积约 7 万平方米。其外部形态独特，犹如一个平缓的山丘上置放的黑白两块不同大小体积的石头，被形象地称为“双砾”。其中，“大石头”是 1800 座的大剧场及其配套的设备用房、剧务用房、演出用房、行政用房、录音棚和艺术展览厅；“小石头”则是 400 座的多功能剧场及配套餐厅。两者皆为屋盖、墙身一体化的结构，整体性外壳最大长度约 120 米，高度 43 米。

21 广州新图书馆

Guangzhou New Library

建筑类型： 图书档案馆（Library）

建造时间： 2008 年

地址位置： 天河区珠江新城（Zhujiang New Town, Tianhe District）

交　　通： 地铁 3 号线珠江新城站 B1 出口。

广州新图书馆项目位于珠江新城文化广场区，地上 10 层，地下 2 层，建筑高度为 50 米，总用地面积约 2 万平方米，总建筑面积约 10 万平方米。阅览座位达约 6000 个，配置信息点约 2500 个，平均接待读者量 1 万人次 / 日，高峰期为 1.5 万人次 / 日。设计单位为株式会社日建设计和广州市设计院联合体。

2010 年年底完工后，广州新图书馆将具有广州市文献存储中心，文献信息传递中心，面向社会的文化教育中心，公共信息导航中心，信息加工、生产、增值中心，图书馆学业务研究辅导中心，对外文化交流的重要窗口等 7 项功能。

22 广东省博物馆新馆
The New Guangdong Provincial Museum

建筑类型： 博物馆建筑（Museum）
建造时间： 2010 年
地址位置： 珠江新城珠江东路 2 号（2, Zhujiang Donglu, Zhujiang New Town）
交　　通： 地铁 3 号线珠江新城站 B1 出口；公交（冼村路南站）293、886、886A 路。

广东省博物馆新馆位于珠江新城中心区南部，濒临珠江，与广州歌剧院左右呼应，位于新城市轴线的东西两侧，由香港许李严建筑师事务设计。博物馆规划总用地面积 4.1 万平方米，地面部分建筑面积约 4.5 万平方米，地下部分建筑面积约 1.5 万平方米，合计约 6 万平方米。博物馆新馆使用悬吊结构，博物馆展馆内没有立柱，仅以钢架支撑展馆。外观以传统中国宝盒为设计概念，采用了铝板、玻璃、花岗石等现代材料，建筑造型新颖，富有特色。

天河区二分块建筑

Zone 2, Tianhe District

01 华南植物园

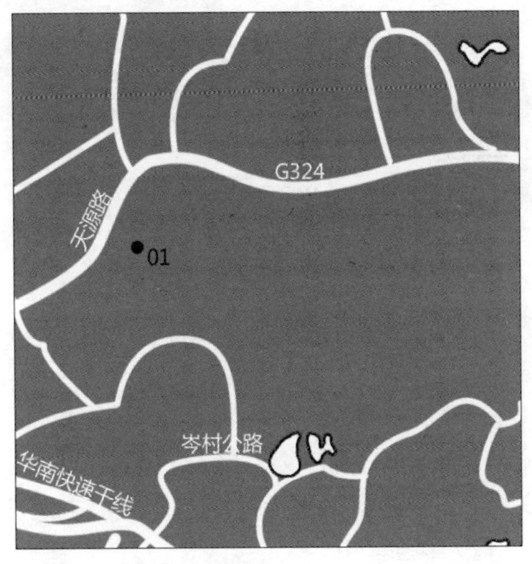

天河区建筑位置示意图 2

01 华南植物园
South China Botanical Garden

建筑类型：园林（Arboretum）
建造时间：1929 年
地址位置：龙洞天源路 1190 号（1190 Tianyuan Lu, Longdong）
交　　通：公交（植物园站）28、30、39、84、534、535、B12 路。

中国科学院华南植物园前身是国立中山大学农林植物研究所，由著名植物学家陈焕镛院士创建于 1929 年。1954 年改隶中国科学院后为华南植物研究所，2003 年 10 月更名为中国科学院华南植物园。华南植物园游览区是我国历史最久、植物种类最多、面积最大的南亚热带植物园。现与世界 80 多个国家和地区的 200 多个植物园建立有学术及种苗交换关系，引种有国内外热带、亚热带植物 1 万多种，被誉为永不落幕的“万国奇树博览会”，有“中国南方绿宝石”之称。

中国科学院华南植物园占地面积 300 公顷，引种热带亚热带植物 6000 种，拥有世界一流的木兰科、姜科植物专类园，是全国科普教育基地和广州市“十佳旅游景点”。华南植物园属下鼎湖山树木园，占地面积 1133 公顷，有完整的南亚热带季风常绿阔叶林景观，是蜚声国内外的科研、科普和生态旅游基地。

天河区三分块建筑

Zone 3, Tianhe District

天河区建筑位置示意图 3

01 广东奥林匹克体育场

01 广东奥林匹克体育场
Guangdong Olympic Stadium

建筑类型： 体育建筑（Stadium）
建造时间： 2001 年
地址位置： 天河区东圃镇黄村（Huangcun Village, Dongpu Town）
交　　通： 公交（奥林匹克体育中心北门站）506、508 快线、548、564、574、B4、B22、B26 路。

广东奥林匹克体育场占地 30 万平方米，可容纳观众 8 万人，屋顶飘逸的缎带与观众席的花瓣造型组合成广州城市标志。体育场采用飘带式设计，盖顶为东西两片钢屋架，重达 1.1 万吨，弯曲地坐落在 21 组塔柱上，整座建筑富于动感和象征意义。广东奥林匹克体育场除能举办国际最高级别的赛事外，还设有体育科技中心、新闻会议中心、药检中心、体育俱乐部、会所、商场、宾馆，以及大型休闲、娱乐、康复设施，与整个广东奥林匹克体育中心共同构成集竞技体育、群众体育、旅游观光、医疗康复、休闲娱乐于一体的大型体育文化中心。

白云区
Baiyun District

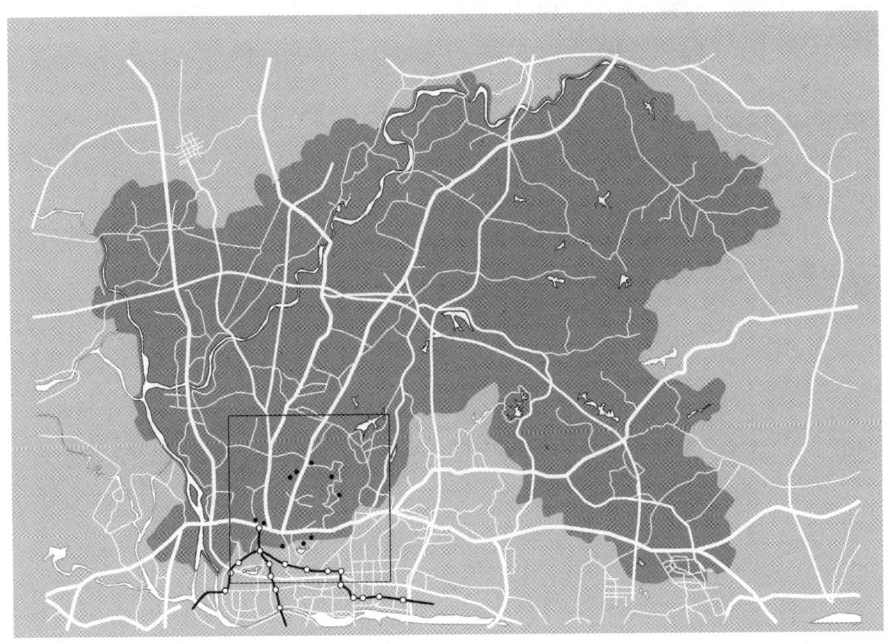

白云区分块位置示意图

白云区建筑

Baiyun District

白云区建筑位置示意图

01 广东外语外贸大学
02 广州体育馆
03 白云国际会议中心
04 白云山山庄旅舍
05 白云山双溪别墅
06 矿泉别墅
07 三元里古庙
08 广州白云山云台花园
09 广州麓湖公园
10 广州雕塑公园

01 广东外语外贸大学

Guangdong University of Foreign Studies

建筑类型：教育建筑（Educational Architecture）

建造时间：1965 年

地址位置：白云区白云大道北 2 号（2 Baiyun Dadao, Baiyun District）

交　　通：公交（外语学院站）36、38、66、76、127、223、245、265、529、601、805、864、B18、大学城 1 线路。

广东外语外贸大学现有 3 个校区，总面积约 2200 亩，其中北校区坐落在白云山北麓，占地面积约 820 亩；南校区位于广州大学城，占地面积约 1100 亩；大朗校区坐落在广州市大朗，占地面积约 250 亩。该大学是 1995 年 6 月由原广州外国语学院和原广州对外贸易学院合并组建的广东省涉外型重点大学。其中，原广州外国语学院成立于 1965 年，原广州对外贸易学院成立于 1980 年。

02 广州体育馆
Guangzhou Gymnasium

建筑类型：体育建筑（Gymnasium）

建造时间：2001 年

地址位置：白云大道南 783 号（783 Baiyun Dadao Nan）

交　　通：公交（广州体育馆总站）34 路，（广州体育馆）36、38、66、76、127、223、245、265、529、601、805、864、B18、大学城 1 线路。

广州体育馆为迎接 2001 年“九运会”建设的一座综合性多功能体育设施。由法国建筑师保罗 · 安德鲁 (Paul Andreu) 负责设计，总占地约 20 万平方米，总建筑面积约 10 万平方米。

设计理念是以人为本和回归自然，三个场馆均采用下沉式设计，大部分建在地下，便于观众出入的交通组织，同时使建筑与周围自然环境相结合。钢桁架屋顶结构形似树叶。配有电子化、智能化、数字化等高科技成果。

主场馆入口设有约 1500 平方米的大圆形广场。主场馆纵向最大跨度 160 米，横向最大跨度 110 米。训练馆纵向跨度 150 米，横向跨度 70 米。

03 白云国际会议中心
Baiyun International Convention Center

建筑类型：公共建筑（Convention center）
建造时间：2007 年
地址位置：白云大道南 1039—1045 号（1039–1045 Baiyun Dadao Nan）
交　　通：公交（白云国际会议中心站）36、38、66、76、127、223、245、265、529、601、805、864、B18、大学城 1 线路。

白云国际会议中心由比利时 BUROII 室内设计室和中信华南设计院合作设计。总建筑面积 31.6 万平方米，主体建筑包括 B、C、D 三栋会议展览中心和 A、E 两栋东方国际会议酒店。会议中心拥有 17 万多平方米的会议场地，东方国际会议酒店分为南座（A 栋）和北座，两座酒店占地 14 万平方米，拥有 1112 座客房。国际会议中心运用地方特色材料，如红砂岩，象征起伏的山峦。

04 白云山山庄旅舍

Mountain Villa Hotel

建筑类型：宾馆（Hotel）

建造时间：1962 年

地址位置：白云山摩星岭东南山谷（The southeast valley of Moxingling, Baiyun Mountain）

交　　通：公交（一五七医院站）16、56、179、219、232、241、504、560、804、833、836、B6 路。

白云山庄旅舍地处广州市白云山山顶，三面环山，东临深谷，冬暖夏凉，空气清新，自然环境优美，四季花木清香，白云山泉穿越而过。建筑原址为“碧江苏氏山祠”，其前身为宋代太尉苏绍箕所建的“月溪寺”、“月溪书院”。

山庄由我国著名的建筑设计大师莫伯治设计，充分演绎了“相地合宜、构园得体”的传统园林文化。建筑群随溪谷而布置，依地势起伏而建造。窗含山色，曲径回廊，泉流穿屋，建筑采用庭院组合布局，与山地环境紧密结合，分为前坪，前院，中庭，内庭和后庭五个部分，层层展开。建筑及园林布局由开阔到稠密，由明朗到幽静，错落有致，层次分明。三叠泉客房为山庄旅舍的“点睛”之笔，将山泉引入客房内，顺着攀缘于墙壁上的附生兰，分三叠滴下，水形、泉声、砖色、绿意融为一体。山庄是现代建筑和岭南园林艺术相结合的代表作。

1965 年董必武同志亲临手书“山庄旅舍”四字，其石刻已镶于正门。同年郭沫若同志手题“听泉之处”四字，刻于溪侧水池巨石上。20 世纪 60 年代，周恩来、陈毅等国家领导人曾在这里进行过国事活动。邓小平同志也曾到此小憩。

05 白云山双溪别墅
Shuangxi Villa

建筑类型：宾馆（Hotel）
建造时间：1964 年
地址位置：白云山景区内（Baiyun Mountain）
交　　通：公交（云台花园总站）24、285、B16、旅游 1 线路。

双溪别墅由建筑设计大师莫伯治设计，原是“双溪寺”旧址，因寺内有月溪和甘溪两支泉水绕寺而得名，后双溪寺毁于战乱。双溪别墅是岭南派建筑的代表之一。1965 年，周恩来总理、陈毅副总理曾在此下榻。别墅内有广州市文物保护单位——卢举人墓，墓前石人、石马、石华表，十分壮观，是岭南墓藏的典范。

06 矿泉别墅

Spring villa

建筑类型：宾馆（Hotel）

建造时间：1974 年

地址位置：三元里广花二路 501 号（501 Guanghua Erlu, Sanyuan Li）

交　　通：公交（北站）7、21、83、108、111、113、187、198、274、278、291A、291B、475、519、528、538、540、555、556、703、803、840 路。

矿泉别墅是融合岭南园林景观的宾馆。矿泉别墅考虑到亚热带地区的气候特点，创造了舒适的室外半室外空间环境。创作的主要倾向是注重与历史和环境的对话与沟通，建筑造型、建筑环境在保持地方特色基础上根据当时现状条件进行创新设计。矿泉别墅被认为是岭南建筑和岭南庭园相结合的新进展。

07 三元里古庙
The Sanyuanli Anti—British Invasion Museum

建筑类型： 博物馆建筑（Taoist Temple/Museum）
建造时间： 清初（early Qing Dynasty）
地址位置： 广园西路三元里村北面（The North of Sanyuanli Village, Guangyuan Xilu）
交　　通： 地铁 2 号线到三元里站 B 出口；公交（三元里古庙站）46、175、179、189、241、278、470、540、619 路。

三元里古庙原是一座两进一庑廊供奉北帝的道教神庙。三元古庙建筑面积约 450 平方米。第一次鸦片战争时期，三元里人民在三元古庙前誓师抗英，写下了近代史上中国人民反对外来侵略自发斗争并取得胜利的第一页。三元古庙成为具有重要历史意义的革命遗址。新中国成立后，广州市人民政府对三元古庙几经修缮，并辟为三元里人民抗英斗争纪念馆，馆内常设陈列《三元里人民抗英斗争史迹陈列》，陈列着当年抗英用的三星旗、武器、螺号、飞柬、揭帖、檄文等文物，还有抗英群众缴获的英军枪支、刀剑和军服，以及三元里农民高擎三星旗在北帝神像前誓师抗英的场景复原图等，真实再现了三元里人民抗英斗争的史实。

08 广州白云山云台花园
Yuntai Garden

建筑类型： 城市公园（Garden）
建造时间： 1995 年
地址位置： 广园东路白云索道侧（Guangyuan Donglu, beside the Baiyun Ropeway）
交　　通： 公交（云台花园总站）24、285、B16、旅游 1 线路，（白云索道）32、46、60、127、175、179、199、210、223、241、257、285、298、540、543、841、B16、B18 路。

云台花园由广州园林建筑规划设计院设计，第一期面积为 12 万平方米。因背依白云山的云台岭、园中又遍植中外四季名贵花卉而得名。花园的整体布局是以正对着大门的宽大台阶为轴心展开的，在轴心线的两侧，云台大花园分别排列出不同的功能区，200 多种中外名贵四时花卉被巧妙地种植在不同的功能区里。中轴线的东侧为大草坪，西侧是谊园和茶室。

园中广州碑林的前身是白云寺，白云寺建于宋朝，是广州历史悠久的古寺之一，不幸被毁于抗日战争期间。“广州碑林”在 1992 年修建，于 1994 年对外开放，总面积 16000 平方米，摆置了碑刻近 300 块，收集了部分历代名士、现代诗人、书法家歌颂岭南风光、歌颂羊城、歌颂白云山的诗词、书法佳作。分为三个景区，摩崖石刻区、南雅堂、仙黑轩三大景区。

09 广州麓湖公园
Guangzhou Luhu Park

建筑类型：公园（Park）
建造时间：1948 年
地址位置：越秀区麓湖路 11 号（11 Luhu Lu, Yuexiu District）
交　　通：公交（麓湖公园站）63、245、旅游 1 线（白云仙馆站）63、245 路。

麓湖公园依山傍水，面积 250 万平方米，其中水域面积 21 万平方米，原为白云山风景区的组成部分。麓湖现是广州市内最大的人工湖之一，景点有：聚芳园，星海园，麓湖碑等。

聚芳园——具有大自然景色的园中园，园内有建于大鸿鹄山顶的五层鹄楼及翠云亭，叶荫植物观赏区，2 万平方米的大草坪。

星海园——星海园于 1985 年 12 月建成，内有纪念馆、巨型石雕像、音乐亭廊及墓座，为纪念我国伟大的无产阶级音乐家冼星海而建。

10 广州雕塑公园

Guangzhou Sculpture Park

建筑类型： 城市公园（Park）

建造时间： 1996 年

地址位置： 白云区下塘西路 545 号（545 Xiatang Xi Lu, Baiyun District）

交　　通：（市交控中心）36、66、76、189、278、481、547、810、864、大学城 1 线路，（雕塑公园站）76A、544、546、706 路。

广州雕塑公园由广州园林建筑规划设计院负责设计，占地面积为 46 万平方米，是广州市人民政府于 1996 年为隆重庆祝广州建城 2210 年建造的一个主题公园。公园是按照雕塑与园林、观赏与教育、艺术与历史相结合的原则而进行规划建设。

广州雕塑公园是全国最大的主题公园，公园分为羊城史雕塑区、森林景区、中华史雕区、雕塑大观园等四个大区。有华夏柱、雕塑广场古城辉煌、南州风采、雕塑馆及踏芳、云溪等景点。

黄埔区
Huangpu District

黄埔区分块位置示意图

黄埔区一分块建筑

Zone 1, Huangpu District

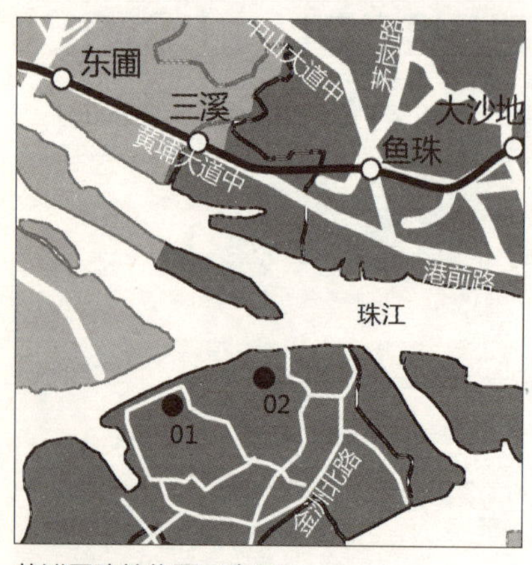

黄埔区建筑位置示意图 1

01 广州东征阵亡烈士纪念陵园

02 黄埔军校旧址

01 广州东征阵亡烈士纪念陵园
Dong-zheng Martyrs Cemetery

建筑类型：纪念性建筑（Commemoration Park）
建造时间：1925—1928 年
地址位置：黄埔区长洲岛（Changzhou Island, Huangpu District）
交　　通：公交（黄埔军校总站）383 路。

东征阵亡烈士陵园位于黄埔军校旧址西面的万松岭上，是 1924—1925 年黄埔军校师生两次东征战役中牺牲的烈士墓园。墓园依山建筑，纪念坊、石砌墓道、凉亭、墓冢、纪功坊成一轴线，前临珠江，气势雄伟，有“小黄花岗”之称。

纪念坊为花岗石砌成，正面开有三个大石拱门，坊上石额镌刻“东征阵亡烈士纪念坊”。宽敞墓道两侧各建绿色琉璃瓦顶凉亭一座。巨大的烈士墓冢呈正方形，碑亭正中立一石碑，中刻“东江阵亡烈士墓”七个大字。墓后有城楼式纪功坊。纪功坊后为军校入伍生和学生墓群。东征阵亡烈士墓为广东省文物保护单位。

02 黄埔军校旧址
Whampoa Military Academy

建筑类型：军事教育建筑（Military Architecture/ Educational Architecture）
建造时间：1924 年
地址位置：黄埔区长洲岛（Changzhou Island, Huangpu District）
交　　通：公交（黄埔军校总站）383 路。

黄埔军校，全名黄埔陆军军官学校。是一所“中华民国”的军事学校，培养了许多在抗日战争和国共内战中闻名的指挥官，第一次国共合作时期的有一至六期学员。现有军校大门、校本部、孙总理纪念碑、孙总理纪念室（孙中山故居）、俱乐部、游泳池、东征烈士墓、北伐纪念碑、济深公园、教思亭等十几处建筑。

军校大门是一座二柱牌坊式建筑，顶部中间呈三角形，两边柱头呈葫芦状。校本部是一座岭南祠堂式四合院建筑，坐南向北，占地约 500 平方米，建筑面积约 1000 平方米。两层砖木结构，三路四进。孙总理纪念室位于军校大门西侧，又称“孙中山故居”，原为清朝广东海关黄埔分关的旧址，为 2 层建筑，面积共 345 平方米，砖木结构。

黄埔区二分块建筑

Zone 2, Huangpu District

01 南海神庙

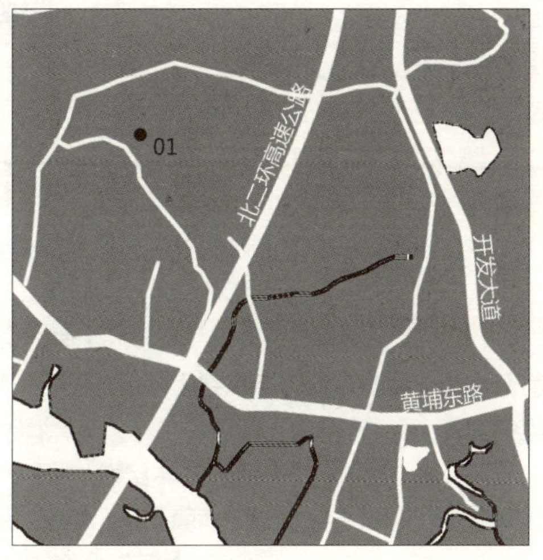

黄埔区建筑位置示意图 2

01 南海神庙

Nanhai Temple/Temple of Nanhai God

建筑类型：道教庙观（Taoist Temple）

建造时间：隋文帝开皇十四年（594 年）

地址位置：黄埔区南岗镇庙头村（Miaotou Village, Nangang, Huangpu District）

交　　通：公交（南海神庙站）B1、B26、B28、B29、B30、B31 路。

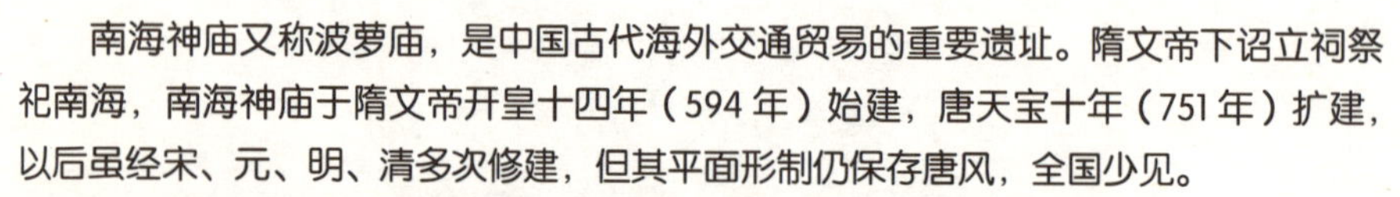

南海神庙又称波萝庙，是中国古代海外交通贸易的重要遗址。隋文帝下诏立祠祭祀南海，南海神庙于隋文帝开皇十四年（594 年）始建，唐天宝十年（751 年）扩建，以后虽经宋、元、明、清多次修建，但其平面形制仍保存唐风，全国少见。

古时庙前有码头，海舶进出，按例到庙拜祭，并可在庙旁扶胥镇交易。以此为起点的"海上丝绸之路"通达东南亚、西亚和东非，明、清时达西欧、美洲。

庙宇宏伟深广，现占地 3 万平方米，砖木结构。"海不扬波"石牌坊内，主体建筑五进，依次为头门、仪门、礼亭、大殿和后殿。仪门两侧有复廊。大殿前有东、西两廊，均为清代以后重建。庙西章丘顶上有浴日亭，可观壮丽的日出奇景，"扶胥浴日"是宋、元时的"羊城八景"之一。亭内立有宋苏东坡《浴日亭》诗碑及明陈白沙步苏韵诗碑。

番禺区、南沙区
Panyu District and Nansha District

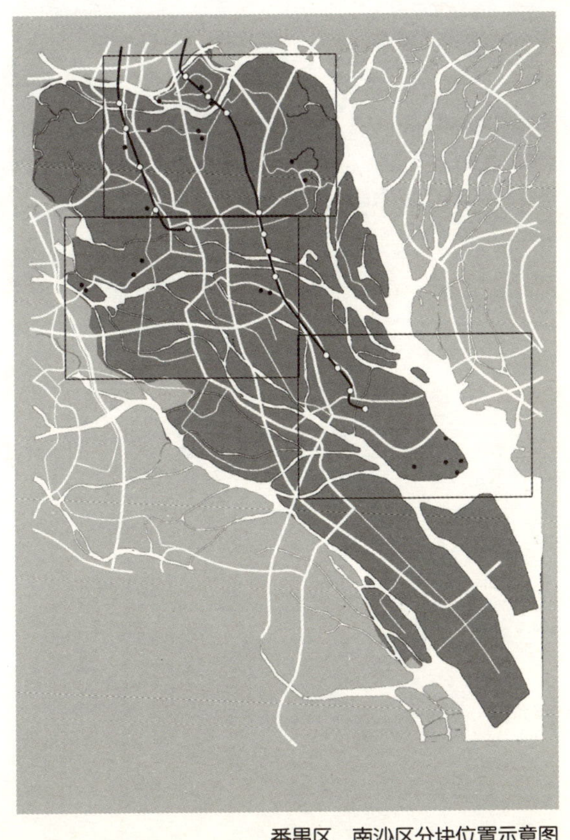

番禺区、南沙区分块位置示意图

番禺区一分块建筑

Zone 1, Panyu District

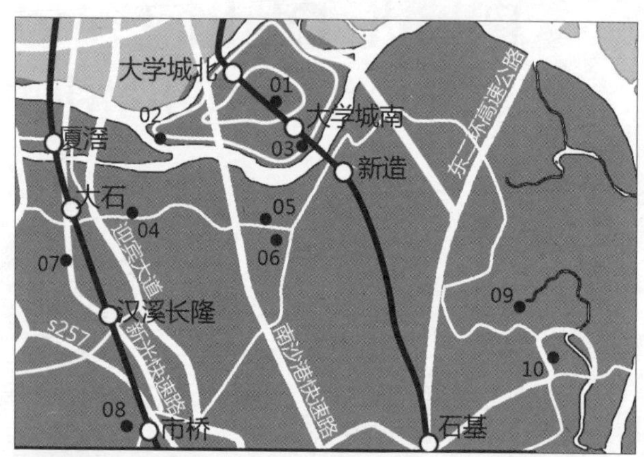

番禺区建筑位置示意图 1

01 广州大学城
02 大学城广东科学馆
03 岭南印象园
04 腾威家塾古建筑群
05 培兰书院
06 馀荫山房
07 长隆酒店
08 番禺博物馆
09 大岭村
10 石楼陈氏宗祠

01 广州大学城
Guangzhou College Town

建筑类型： 教育建筑（Educational Architecture）

建造时间： 2004 年

地址位置： 番禺区新造镇小谷围岛（Xiaoguwei Island, Xinzao Town, Panyu District）

交　　通： 地铁 4 号线到大学城北站；公交大学城 1 线到 4 线、33、35、67、76、86、203、252、298、306、310、507、565 路。

广州大学城位于珠江中间的小谷围岛上及其南岸地区，西邻洛溪岛、北邻生物岛、东邻长洲岛，与琶洲岛举目相望，大学城规划范围 43.3 平方公里，是国内一流的大学园区、广州地区的科教核心、珠三角地区乃至华南地区的高级人才培育中心、科学研究与交流中心、创新中心与产业化基地，是“学、研、产”一体化发展的新城。

广州大学城进驻 10 所高校，分别是：中山大学、华南理工大学、华南师范大学、广东工业大学、广东外语外贸大学、广州中医药大学、广东药学院、广州大学、广州美术学院、星海音乐学院。

广州大学城的功能是以大学为核心和主体，以有机联系网络（包括开放式办学、校际学术与教学协作、资源共享、后勤社会化等）为基础，包括居住、休闲、生产等多种职能，是学、研、产、住一体化的综合性城市区域。通过其核心功能（高教科研）、基本职能（大学产业集群）、服务及辅助功能以及延伸功能（文化旅游、生态维育等），形成了与城市中央商务区（CBD）、休闲商务区（RBD）相对应的中央智力区（CID），成为全国的重要科教节点之一。

02 大学城广东科学馆
Guangdong Science Center

建筑类型： 展览建筑（Exhibition Architecture）

建造时间： 2008 年

地址位置： 大学城西六路 168 号（168 Xiliu Lu, Guangzhou University City）

交　　通： 地铁 4 号线到大学城北站 A 出口；公交（大学城总站）383 路。

广东科学馆又称广东科学中心，位于广州市番禺区小谷围岛大学城的西端，是广东省委、省政府批准兴建的大型科学活动场所，既是目前亚洲最大的科普教育基地，又是科技成果与技术产品展示、推广、交易以及学术交流的综合平台。

广东科学中心占地面积 45 万平方米，建筑面积约 14 万平方米。整体建筑造型独特，气势恢宏，正面像一只灵动的“科学发现之眼”，侧面像一支整装待发的“舰队”，俯瞰酷似一朵盛开的“木棉花”，是我国“绿色建筑”代表工程，广州市的标志性建筑。

03 岭南印象园
Lingnan Impression

建筑类型：博物馆建筑（Museum）
建造时间：2008 年
地址位置：广州大学城外环西路（Waihuan Xilu, Guangzhou College Town）
交　　通：地铁 4 号线大学城南站 B 出口；公交（广工站）310、大学城 2 线、大学城 3 线路。

岭南印象园位于广州大学城（小谷围岛）南部，在原练溪村落的区域内改造重建，总占地面积 16.5 公顷，是集观光、休闲、娱乐、餐饮、购物，体验岭南乡土风情和岭南民俗文化的旅游景区。

岭南印象园是典型的岭南传统风格建筑群落。民居依水而建，或窄门高屋、或镬耳高墙。悠长的青云巷、古朴的趟栊门、精致的满洲窗，小溪蜿蜒，池塘清澈，处处散发着岭南水乡的韵味。祠堂是封建社会家族观念浓厚的反映。霍氏大宗祠和萧氏宗

祠等祠堂内的木雕、砖雕、石雕、灰塑、陶塑等传统工艺，凝聚了众多艺术创作者的心血，具有很高的艺术价值。建筑中形状独特的镬耳墙，简易耐用的蚝壳墙颇有岭南建筑特色。

岭南印象园中富有特色的街巷、宗祠、民居和店铺等，充分展现了岭南传统文化的精华。景区突出原生的岭南文化和乡土景观，复原岭南民间繁荣生活场景，适应蓬勃发展的大城市周边旅游日益生活化的趋势，满足现代都市居民不断增长的文化溯源、访古寻幽、复归田园的旅游需求，将成为以岭南建筑完整、民间文化深厚、田园乡村风情浓郁，融文化溯源、旅游观光、乡村度假、休闲娱乐等功能为一体的文化旅游大观园。成为现代人了解岭南古文化的窗口、岭南人回味溯源本土文化的沃土、外地人短时间了解岭南文化的课堂，满足了广大游客一天了解岭南民间传统文化的心愿。

04 腾威家塾古建筑群
Tengwei's Family Mansion

建筑类型：民居建筑（Folk House/ Residential Architecture）
建造时间：清末（Late Qing Dynasty）
地址位置：官堂村东社大街（Dongshe Dajie, Guantang Village）
交　　通：公交（南村镇站）103、87 路。

腾威家塾古建筑群是一座集住宅居住、祠堂祭祖、书房读书、园林休闲于一体的清末至民国的家族宅第。以东社大街为界，分为两组，北为住宅，南为家塾、书房、客房和附属园林。

家族住宅是一座传统的青砖镬耳大屋，平面为三间两廊二层建筑，西面侧门开在住宅的西南方，面对东社大街，四周环绕围墙，构成一个独立的居住空间；南部建筑入口门楼刻有“吉光”两大字，巷门右侧建筑入口上书“腾威家塾”四个大字，是腾威家族的私伙厅（家族祠堂）。祠堂为两进，北面大堂是祭祀祖先的神位，原设有祖先牌位；南面为门厅与大堂围合成的一个小天井。家塾的西墙开有一个八角门，门两侧曾饰以精致的灰塑对联，现已破坏难辨。进入八角门便是与家塾相连的二进两层书房和会客厅，两者又围合成一个天井。出书房右侧的小门有一水池，为当年书房的附属园林。园林昔日种植有许多名贵花木，如鹰爪兰、荔枝树、石榴、夜合花、含笑花等。

腾威家塾是一组颇具广府传统古典园林建筑风格的岭南宅第园林，可惜破坏已比较严重，但主体建筑仍在，是研究清代以来粤中乡村宅第园林的重要标本。

05 培兰书院
Peilan Academy

建筑类型：教育建筑（Academy Building）
建造时间：明代（Ming Dynasty）
地址位置：罗边村东胜大街 1 号（1 Dongsheng Lu, Luobian Village）
交　　通：公交（南山公园站）436 路。

培兰书院是罗边村和周边地区进行乡村基础教育的场所。书院坐北向南，前面为一开阔地坪，整座建筑深三进，两侧为衬门。头门面阔三间 16 米，深 24.5 米，大门上石刻“培兰书院”四个大字，两侧墙有精美石刻、砖雕等，檐上有明、清风格的木刻，基本保存完好；第二进为一石构圆拱门，两侧为偏厅；第三进面阔 11.8 米，十三架梁前后用三柱后墙墙砖承重，梁架上斗栱、驼峰装饰简朴，刻有花纹，正中间原来放置祖先和孔子像，神台用红木制成，院内左侧墙壁上镶嵌有 1985 年重修时的捐资人相片及碑记。

06 馀荫山房
Yuyinshanfang Garden

建筑类型： 园林建筑（Garden）
建造时间： 清同治五年（1866 年）
地址位置： 番禺南村镇（Nancun Town, Panyu District）
交　　通： 公交（南山公园站）436 路。

馀荫山房为清代举人邬彬的私家花园，又称余荫园，始建于清代同治五年（1866 年），历时五年建成。取名“余荫”，意为承祖宗之余荫，方有今日及子孙后世的荣耀。园联：“余地三弓红雨足；荫天一角绿云深。”联首嵌入了“余荫”二字。全联既对仗工整，又概括了这座名园的特点。

其园占地面积仅三亩，约 1590 多平方米，但布局紧凑，小中见大。亭堂楼榭，山石池桥配置得当，尤以池桥与临水亭榭为胜，庭园虽小，却清雅幽深，在建筑艺术上颇见匠心。馀荫山房以一条游廊拱桥分为东、西两部分，桥用石砌，池水通过拱形桥洞将东、西连贯，水面占全园较大面积。园林有深柳堂、临池别馆、玲珑水榭、听雨轩、孔雀亭、来熏亭等形式各异的建筑。园中之砖雕、木雕、石雕、灰塑等建筑装饰丰富多彩。

馀荫山房是广东四大名园中保存原貌最好的古典园林，为典型的岭南园林建筑。

07 长隆酒店

Chime Long Hotel

建筑类型： 宾馆（Hotel）
建造时间： 2001 年
地址位置： 番禺区大石迎宾路（Yingbin Lu, Dashi Town, Panyu District）
交　　通： 地铁 3 号线长隆站 E 出口；公交（长隆旅游度假总站）304、562 路。

长隆酒店位于广州番禺长隆野生动物园内，有 370 间客房，总建筑面积 6 万平方米，是国内目前少有的与主题公园相结合的五星级度假酒店。酒店所在的长隆野生动物园和香江野生动物园，拥有号称华南第一的 6000 亩亚热带雨林，郁郁葱葱，从世界各地引进的大量珍稀动物栖息其野生环境中，形成庞大的野生动物群落。酒店在建筑设计上注意与周边自然环境融为一体，并且在基地上广泛使用植被覆盖。从生态环境和旅游产业特性出发，建筑设计不采用一般酒店单体主建筑的形式，而采用几个既独立又有连接的建筑体形成组群的方式，其中酒店主体为 4—5 层，从远处看融合在周边丛林之中，与环境非常和谐。

08 番禺博物馆
Panyu Museum

建筑类型：博物馆建筑（Museum）
建造时间：1997 年
地址位置：市桥沙头银平路（Yinping Lu, Panyu District）
交　　通：公交（博物馆站）番禺 1 路、番禺 2 路、番禺 3 路、番禺 8 路。

坐落于番禺市区银平路龟岗东麓的番禺博物馆，是国内拥有现代化设施的大型博物馆，也是番禺八大旅游美景之一。占地 240 亩的馆区，分为多功能主体陈列馆、东汉古墓群景区、规划中二期的文博园区三部分。

番禺博物馆自建馆以来，以展示番禺几千年灿烂文明和人杰地灵为宗旨，开展对省内外和港、澳地区的文化交流。陈列馆面积 1.5 万多平方米，展厅 8000 多平方米，现有基本陈列和专题陈列 10 个，包括“番禺史话”、“番禺华侨事迹”、“东汉出土文物”、“尹积昌雕塑艺术”、“馆藏文物精品”、“岭南画派书画名家”等 7 个固定展馆。东汉出土文物展有自 1993 年至 1995 年来对 11 座墓进行发掘清理的出土文物 400 多件。东汉古墓群观景区有石人石马、古炮群、榨油槽、古铁牛等绿化景点多处。东汉墓室用青灰砖砌筑，墓壁双隅，底铺成人字形，墓由墓道、石门、甬道、前室、后室等部分组成。

陈列馆造型在吸取古建筑斗栱形式的基础上又呈现出航船的宏伟轮廓，表现了古代海上丝绸之路起点——番禺的历史风采，成为今日番禺的标志性建筑。

09 大岭村
Daling Village

建筑类型：村落（Historical Village）
建造时间：宋代（Song Dynasty）
地址位置：番禺区石楼镇（Shilou Town, Panyu District）
交　　通：公交（大岭村总站）472 路。

大岭村位于广州市番禺区石楼镇西北面，珠江狮子洋水道西岸，坐东北向西南，背依碧绿葱葱的菩山，前临潮汐涨落的玉带河。大岭村靠山近水，水秀山青，风景优美，以村落格局完整，历史遗存丰富，传统建筑精美，同时因出了探花、进士、举人和多个九品以上的官员而闻名。

大岭是典型的岭南古村落，现保存较完好的岭南风格建筑群约 9000 平方米，玉带河贯穿全村，分散在村落中的古塔、祠堂、民居蚝壳墙等发散着悠悠古韵。各式古石桥跨于河上，古塔立于村西南角，祠堂、门楼、牌坊、麻石巷、古树等在村中皆可见。五条石板街建于清光绪二十三年（1897 年）。被村民们称为“桥头祠”的大岭陈氏十世祖祠——显宗祠，又名凝德堂，建于明嘉靖年间（1522 年），整个宗祠坐东向西，为三楹三进结构，头门四层莲花斗栱，硬山脊，饰以灰雕，山墙有砖雕，梁柱以木雕装饰。村里祠堂还有建于宋代的陈氏大宗祠——柳源堂、建于明永乐年间的两塘陈公祠、建于明万历年间的朝列大夫陈公祠，以及进士公祠、佑江公祠、近湾公祠等。坐落在大岭村龙津桥西堍南侧的大魁阁，也称“文昌阁”，为三层阁式砖塔，清光绪十年（1884 年）始建，平面呈六角形，水磨青砖墙体，塔基由花岗石砌成，底层花岗石石额上镶刻“作镇菩山”四字，为清代探花李文田所书。为表彰姑婆贞节，勿忘其恩典，流芳百世而建的三还庙，内供奉洪圣公、天后、观音，以及文武二帝等。

2007 年 5 月 31 日，大岭村被中华人民共和国建设部和国家文物局评选为“中国历史文化名村”。2008 年 4 月 8 日，大岭村被广东省旅游局评选为“广东省旅游特色村”。

10 石楼陈氏宗祠
The Chen's Ancestral Hall

建筑类型：宗祠建筑（Ancestral Temple）
建造时间：1506—1520 年
地址位置：石楼镇石楼西街（Shilou Xilu, Shilou Town）
交　　通：公交（石楼站）。

石楼陈氏宗祠——“善世堂”为番禺四大古祠之一，是纪念石楼陈氏六世祖陈道明之祠堂，俗称“大祠堂”。广州市文物保护单位。该祠始建于明代正德年间（1506—1520 年），于清代康熙二十二年（1683 年）开始重建，至雍正元年（1723 年）历时 41 年才全部竣工，乾隆三十四年（1769 年）重修。原占地 4000 多平方米，现只存主体建筑，占地约 2000 平方米（不含大广场和青云巷），建筑面积约 2000 平方米，总进深 108 米（为番禺祠堂之最）。建筑宏伟壮观、画栋雕梁，无论木雕、石雕、砖雕、灰塑的图案，均造工精湛，各种人物、花鸟虫鱼、飞禽走兽，栩栩如生。大堂正中高悬一块刻有“善世堂”三个大字的贴金木牌匾，题字为明代抗倭名将戚继光（1528—1587 年）手书。

番禺区二分块建筑

Zone 2, Panyu District

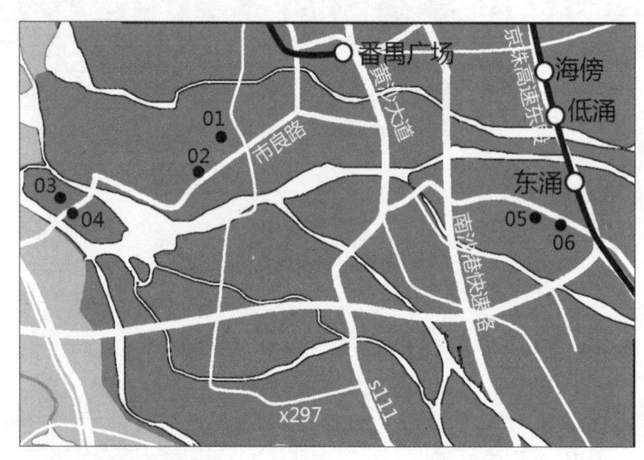

01 沙湾古镇留耕堂
02 沙湾古镇车陂街
03 宝墨园
04 鳌山古建筑群
05 东涌炮楼
06 蝴蝶楼

番禺区建筑位置示意图 2

01 沙湾古镇留耕堂

Liugeng Tang/Liugeng Ancestral Hall

建筑类型： 宗祠建筑（Ancestral Temple）
建造时间： 清代（Qing Dynasty）
地址位置： 番禺沙湾镇（Shawan Town, Panyu District）
交　　通： 公交（沙湾总站）番禺 6B、番禺 7 路。

留耕堂始建于南宋德祐元年（1275 年），后几毁几建，现规模是于清康熙年间扩建而成，面积有 3000 平方米。

沙湾留耕堂又名何氏宗祠，砖木结构。留耕堂计有 112 条石柱和木柱。木柱的原料，当时是从东南亚国家采购回来的。在雕刻方面，留耕堂保留了非常精致的石雕、木雕、砖雕、灰塑，体现了岭南庭园的精巧的建筑艺术。留耕堂地势北高南低，依次为大池塘、大天街、山门、仪门（牌坊）、丹墀（天井）、月台（钓鱼台）、享殿（象贤堂）、寝殿（留耕堂）及东西庑廊和衬祠。

02 沙湾古镇车陂街
Shawan Chebei Street

建筑类型：街道（Historical Street）
建造时间：元代（Yuan Dynasty）
地址位置：番禺沙湾古镇（Shawan Town, Panyu District）
交　　通：公交（沙湾总站）番禺 6 路 B、番禺 7 路。

车陂街位于沙湾亚中坊以南，东西走向，笔直而宽阔，整个街道全部都是由整齐划一的青石板铺成。这条车陂街历史久远，以前街道临海而建，石板路大多都是以前的原物。建于清嘉庆年间的“仁让公局”也深藏车陂街小巷中，这有可能是广东最古老的乡公所。

车陂街仅长 200 多米，但亚中坊在乡内近 20 个坊中以富户多而出名，车陂街更是亚中坊富中之富。在 200 米长的车陂街里，隐藏着多座大型宗祠，居民多是何氏家族的后人。

03 宝墨园
Baomo Garden

建筑类型： 园林建筑（Garden）
建造时间： 1995 年
地址位置： 番禺沙湾镇紫坭村（Zini Village, Shawan Town, Panyu District）
交　　通： 公交（宝墨园总站）番禺 12 路。

宝墨园位于番禺区沙湾镇紫坭村，始建于清末，占地五亩，毁于 20 世纪 50 年代。1995 年重建，历时六载，扩至 130 多亩。建筑为砖木结构。集岭南古建筑、岭南园林艺术、珠三角水乡特色于一体。全园水景荔景湾、清平湖、宝墨湖与 1000 多米长河贯通，长流不息。宝墨园内的建筑及景观主要有：治本堂、宝墨堂、清心亭、仰廉桥、紫洞舫、龙图馆、千象回廊和风味食街等。园内种植的植物主要有千年罗汉老松、九里香、两面针树、银杏树、玉堂春、大叶榕树、紫薇树等，还栽植有大量的岭南盆景。除了树木花卉和建筑之外，园内周边还有龟池、放生池、锦鲤池、莲池等，带给游人美的享受。

04 鳌山古建筑群
Aoshan Temples

建筑类型： 道教庙观（Taoist Temple）
建造时间： 清代（Qing Dynasty）
地址位置： 番禺沙湾镇三善村鳌山脚
（Aoshan Mountain, Sanshan Village, Shawan Town, Panyu District）
交　　通： 公交（三善村站）番禺 12 路。

古庙群占地约 550 平方米，东背鳌山，西向为正门，庙前是辽阔的平田和大洲海，庙群自北而南横列依次是神农古庙、先师古庙、鳌山古庙、报恩祠、潮音阁共五处。这座别具特色的古庙群，属清代建筑，砖木结构，保存完好。其中的先师古庙俗称“鲁班庙”，有许多鲁班手握规、矩、斧、尺的塑像，反映当地村民多从事建筑行业。其他建筑亦各具特色，整座建筑布局极有岭南地方色彩，其中的壁画栩栩如生。

05 东涌炮楼

Dongchong Fort Site

建筑类型：军事建筑（Military Architecture）

建造时间：1938 年

地址位置：番禺东涌镇（Dongchong Town, Panyu District）

交　　通：公交（东涌吉祥路站）番禺 11 路。

东涌炮楼位于番禺区东涌镇东涌涌边，始建于 1938 年，于 2001 年重新修缮。炮楼分三层，每层墙壁上都密布枪眼炮孔，角度朝向四面八方。在楼顶天台地面，每隔一米左右便有一个拳头大小、朝向地面的枪眼，是为了向攻到炮楼脚下的人开枪用的。东涌炮台通体使用青砖，烧制质量相当好。炮楼保留了大量当时建造材料、技术及设计理念等信息。反映出日本侵略时期，日伪军以炮台为据点，控制交通要道、管理军警、控制乡村的活动情况，是日本侵略番禺的重要罪证。

06 蝴蝶楼

Butterfly House

建筑类型： 民居建筑（Folk House/ Residential Architecture）

建造时间： 民国时期（Republican Period）

地址位置： 番禺东涌镇今鱼窝头双钱糖业有限公司内（Dongchong Town, Panyu District）

交　　通： 公交（东涌吉祥路站）番禺 11 路。

蝴蝶楼是一座浅黄色两层高的具有典型中西合璧风格的小楼，因为中间的门厅及楼梯通道连接左右两边形式相同的多边形楼，看上去仿佛像一只展翅的蝴蝶，所以人们称之为"蝴蝶楼"。

据记载，"蝴蝶楼"是新中国成立前被人称为"市桥皇帝"的大恶霸李塱鸡（李辅群）以武力霸占鱼窝头，兴建福隆糖厂时所建。该楼砖木水泥结构，楼顶布满枪眼，墙厚坚固。除了可以住人，还兼有防御功能。汪精卫妻子陈璧君曾于 1945 年在此短暂停留。

南沙区建筑
Nansha District

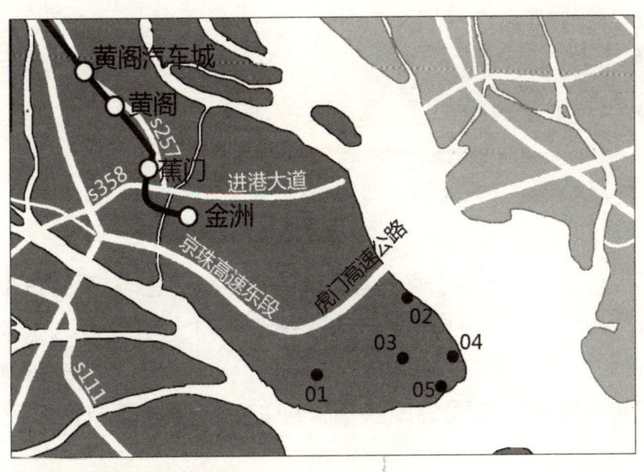

南沙区建筑位置示意图

01 南沙天后庙
02 南沙科学展览馆
03 大角山炮台
04 南沙天后宫
05 南沙大角山亲水公园

01 南沙天后庙

Temple of the Queen of Heaven/ Nansha Thean Hou Temple

建筑类型：道教庙观（Taoist Temple）

建造时间：明代（Ming Dynasty）

地址位置：南沙街塘坑村塘坑中街 29 号

（29 Tangkeng Zhongjie, Tangkeng Village, Nansha Jie）

交　　通：公交（市桥汽车站）18、19、5 路。

南沙天后庙始建于明代，清嘉庆年间重修，坐西北向东南，深二进，总进深 16.8 米，总面阔 11.6 米，建筑占地约 200 平方米。在庙内从未动过的青砖墙上，还立有两块重修碑，记录了两次重修时间，最早一次为嘉庆三年（1798 年）。门额左款写着“嘉庆三年岁次戊午仲秋吉旦重建”，后墙为老手工艺人做的蚝壳墙，通风透气，冬暖夏凉。“天后宫”神位就安放在正中。

从相关记载来看，这座天后庙应当是广州至今发现的最为古老的天后庙，是广州作为海上丝绸之路始发港不可或缺的证据之一。

02 南沙科学展览馆
Nansha Science Museum

建筑类型： 展览建筑（Museum）
建造时间： 1999 年
地址位置： 南沙港前大道 1 号蒲洲高新技术开发园
（Puzhou New High-tech Development Park, 1Gangqian Road, Nansha District）
交　　通： 公交（南沙汽车总站）657 路。

广州南沙科学馆是霍英东基金会为响应国家“科教兴国”号召而建设的一个项目，旨在普及科学知识，提高市民，尤其是青少年学习科学技术的兴趣，激发科学想象力和创造力，丰富珠三角地区的科技文化含量，为广州以及珠三角地区的精神文明建设和科学技术发展服务。广州南沙科学展览馆亦提供了一个窗口，介绍国内外有代表性的高科技结晶，促进中国和世界、现代和传统的交流。

南沙科学馆建筑面积为 1 万余平方米，展厅面积约 7000 平方米。现已开放的展厅有物理、化学、数学、生命科学、地理气象，生态环境、能源厅、浅海世界、太阳能实验室、电脑机器人实验室等功能展厅，展品 300 余项。另外有导览厅、沉思廊和演讲厅与学科展厅相辅，以及附设的礼品店、咖啡厅等后勤服务，构成了较全面的系列展览。

03 大角山炮台
Dajiao Mountain Emplacement

建筑类型： 军事建筑（Military Architecture）
建造时间： 1832 年
地址位置： 南沙区大角山（Dajiao Mountain, Nansha District）
交　　通： 地铁 4 号线到黄阁汽车城站或黄阁站；公交（天后宫站）360、361A、361B、363 路。

大角山炮台是全国重点文物保护单位。大角山炮台雄踞虎门西岸，与沙角炮台隔江对峙，扼守虎门水道出口，构成虎门要塞的第一道防线。在鸦片战争时期，英勇的中国军民在此与外国侵略者殊死搏斗，写下了可歌可泣的壮烈诗篇。

大角山在南沙区南横村与鹿颈村交界处，在近代南中国海防具有重要的战略地位。它和东岸的东莞沙角炮台，形成东西对峙的海防要塞，是虎门要塞的第一道海防前线。炮台安排在大角山南北两个山梁上，北面山梁上从西到东有安胜台和振威台，南面山梁上从西到东有流星台、安威台、安定台、安平台和振定台。炮台在两次鸦片战争期间都遭到英军炮火轰击。我们现在见到的炮台是 1884 年重修和增建的，炮池由清初的前膛炮改为向德国购买的后膛炮，设有坑道、门楼，坑道与炮池互相连接，具有居住和防卫功能。这些曾经受战火洗礼的古代海防设施目前已分批得到维修，默默见证着当年中华民族反抗帝国主义侵略的英勇精神。

04 南沙天后宫
Nansha Thean Hou Palace

建筑类型：道教庙观（Taoist Temple）
建造时间：1996 年
地址位置：南沙大角山（Dajiao Mountain, Nansha）
交　　通：公交（南沙天后宫总站）360、361A、361B、363 路。

南沙天后宫紧临珠江出海口伶仃洋，坐落于大角山东南麓，依山傍水，其建筑依山势层叠而上，殿宇辉煌，楼阁雄伟。整个天后宫可分为天后宫广场和宫殿建筑群两个部分。

天后宫广场占地 1.5 公顷，中央屹立了一尊面向大海的天后圣像，以保佑出海捕鱼的渔民顺风顺水。石雕天后像高 14.5 米，由 365 块精雕细琢的花岗石组成，象征天后娘娘一年 365 日都保佑着人民。

天后宫广场的后方为清式建筑风格的宫殿建筑群，建筑群对称布局，高低错落、依山而建。整座天后宫四周绿树婆娑，殿中香烟袅袅，置身其间令人顿生超凡脱俗的感觉。天后宫建筑群由正门牌坊开启，穿过牌坊到达山门，即是天后宫的正门，室内供奉神像为“千里眼”和“顺风耳”。山门的两侧有钟、鼓楼，山门上方为献殿，殿内供奉“蹈海天后”，四海龙王则持玉圭在两旁站立。再上方的正殿是整个天后宫的中心，有木雕神龛，供奉 3.8 米高、香梓木雕、贴金的天后像。

整个建筑群最高点是位于最后方的南岭塔。塔高 45 米，为楼阁式建筑，共 8 层（塔的层数有别于一般塔的单数层数，是因为民间传说男神仙代码为单数，女神仙代码为双数，而 8 是双数中最高的数目，故建 8 层塔）。在南岭塔可远眺整个南沙天后宫景观。

05 南沙大角山亲水公园

Dajiao Mountain Beach Park

建筑类型： 公园（Park）
建造时间： 2006 年
地址位置： 南沙区港前大道南（Gangqian Dadaonan, Nansha District）
交　　通： 地铁 4 号线到黄阁汽车城站或黄阁站；公交（天后宫站）360、361A、361B、363 路。

南沙大角山亲水公园总占地面积近 80 万平方米，其中陆地面积 606356 平方米，公园的植物配置简繁适宜，并通过地区特有树种突出表现了其广州海滨城市的公园特色。整个公园的设计贯穿着“自然之韵、文化之韵”的理念，公园由两个圆及纵横两条轴线组成，分为文化园景区、海心沙景区、滨海景区、滨海湿地景区，整个公园极好地表现了现代与传统风格的有机结合。

萝岗区
Luogang District

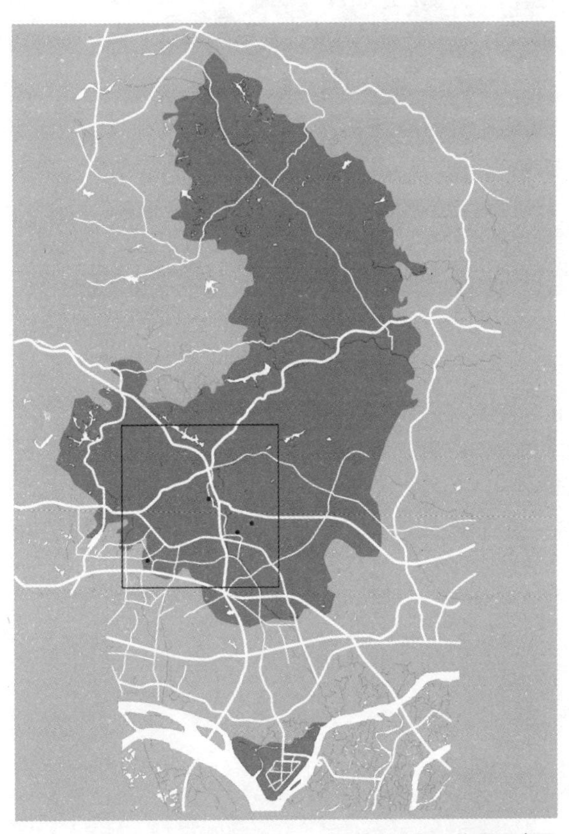

萝岗区分块位置示意图

萝岗区建筑

Luogang District

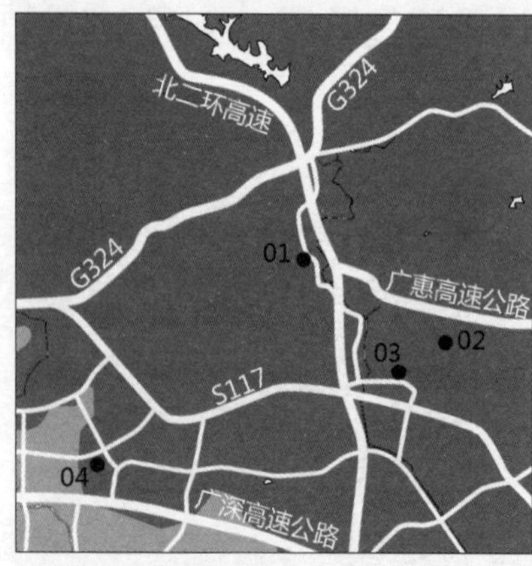

萝岗区建筑位置示意图

01 水西古村
02 钟氏大宗祠建筑群
03 玉岩书院／萝峰寺
04 广州科学城

01 水西古村
Shuixi Village

建筑类型：村落（Historical Village）
建造时间：明代（Ming Dynasty）
地址位置：萝岗区（Luogang District）
交　　通：公交（线坑桥站）574、574A 路，转乘（水西村站）569 支线。

水西古村位于萝岗新城行政中心的东北侧，面积约 6 万平方米，自明代时就开始形成村落，至今已有 600 余年历史，是一座具有鲜明岭南特色的古村落。由于当地比较富裕，而且村民崇尚教育，因此该村落的建设也显得颇为与众不同。一字街、耙齿巷、麻石街道整齐划一。10 多间祖庙祠堂建在街前，使村落显得富贵美观。民居均为青砖、石脚、镬耳墙构成，建筑多为三间两廊式，高矮一致，远看蔚为壮观。

水西村的生态环境十分优越，村前有一口池塘，村后有一座被称为“神仙山”的小山丘，存有多株百年老荔枝树以及其他果树，是极具地方特色的生态园林。另外，还有一口千年古井充满了神奇的传说，至今仍盈满水清。

02 钟氏大宗祠建筑群
The Zhong's Ancestral Hall

建筑类型：宗祠建筑（Ancestral Temple）
建造时间：明代（Ming Dynasty）
地址位置：萝岗香雪公园东面（East Xiangxue Park, Luogang District）
交　　通：公交（罗岗总站）569 路。

钟氏大宗祠建筑群由大宗祠、诰封将军祠、钟氏六宗祠和荔圃祖祠组成，每祠间隔 20 米，原四祠并排连成一线，总阔 109 米，深 58 米，占地面积 6322 平方米，为明代建筑群。现荔圃祖祠已拆毁，仅余遗址。祠后相隔数十米的山冈有宋以来的玉岩墓群。

钟氏大宗祠始建于明弘治三年（1490 年），明嘉靖三十九年（1560 年）拓基扩建继序堂、永思亭。清康熙二十年（1681 年）重修，清道光二十年（1840 年）再次重修。宗祠坐东北向西南，面阔三间 16 米，深 58 米，占地面积为 928 平方米，共三进。诰封将军祠坐落在钟氏大宗祠左侧，用于供奉钟氏七世祖元德。元德排行第二，其宗祠称二宗祠，其子钟税福，官任江宁游击，有功于国，被封为昭勇将军，并诰封其父元德和封赠其祖父鼒为昭勇将军，故又称将军祠。该祠始建于明朝，历代有维修。六宗祠坐落在“诰封将军祠”左侧，用于供奉钟氏七世祖元福，因排行第六故称六宗祠，该祠亦始建于明朝，历代有维修。

玉岩墓群坐东向西，占地面积约 600 平方米，非常雄伟壮观。墓群中为首的是宋代钟玉岩墓，接着是宋代黄氏太恭人墓、宋代钟彰义夫妇墓、元代钟朝爵夫妇墓、元代钟国贞墓、元代徐氏太安人墓。

03 玉岩书院/萝峰寺
Yuyan Academy/ Luofeng Temple

建筑类型：道教庙观（Academy Building /Taoist Temple）
建造时间：南宋（Southern Song Dynasty）
地址位置：萝岗香雪公园内的萝峰山
（on the Mount Luofeng, Xiangxue Park, Luogang District）
交　　通：公交（罗岗总站）569 路。

玉岩书院又名萝峰寺，始建于南宋宁宗嘉定十二年（1219 年）。现占地 1000 多平方米。整座建筑倚山傍谷，一字排开。上下两进，横向分东、西、中三座，结构紧凑，设计精巧，整座建筑与山林景色十分协调。寺内一棵至今仍十分茂盛的“千年古荔”，为古寺增添了异样的风采。

玉岩书院是广州历史最久的书院之一，为广州市文物保护单位。西侧建有玉岩堂、庆余楼，楼堂间有石砌方池。寺院东侧山间的涧泉蜿蜒而下，萦绕于寺院内外。寺院中保留了唐宋以来许多骚人迁客的墨宝石刻，有唐韩愈的“鸢飞鱼跃”匾额，宋朱熹、文天祥的诗章，明海瑞的联句，清郑燮的字画等。其中虽多为拓本，但也有相当的文物价值。当代朱德、郭沫若等名人墨迹亦陈列其中。

04 广州科学城

Guangzhou Science City

建筑类型： 工业与办公建筑（Industrial and Office Architecture）

建造时间： 1998 年

地址位置： 萝岗区（Luogang District）

交　　通： 公交（科学大道站）508 快线、573、574、578 路。

广州科学城是广州市东部发展战略的中心区域，是广州市发展高新技术产业的示范基地。广州科学城将以科学技术的开发应用为动力，以高科技制造业为主导，配套发展高科技第三产业，如信息咨询、科技贸易等，成为具有高质量城市生态环境，完善的城市基础设施，高效率的投资管理软环境的产、学、住、商一体化的多功能、现代化新型科学园区。科学城分为六大区域，即中心区、居住区、微电子信息产业区、生物技术产业区、新能源新材料产业区、市政设施及其他产业区。

科学城建设将以高新技术产业的研究开发、生产制造为主，鼓励发展微电子、计算机、现代通信、机电一体化、光电技术、空间技术、生物技术产业，同时建设与其配套的信息、仓储、金融、商住、体育、娱乐及环保设施。

花都区
Huadu District

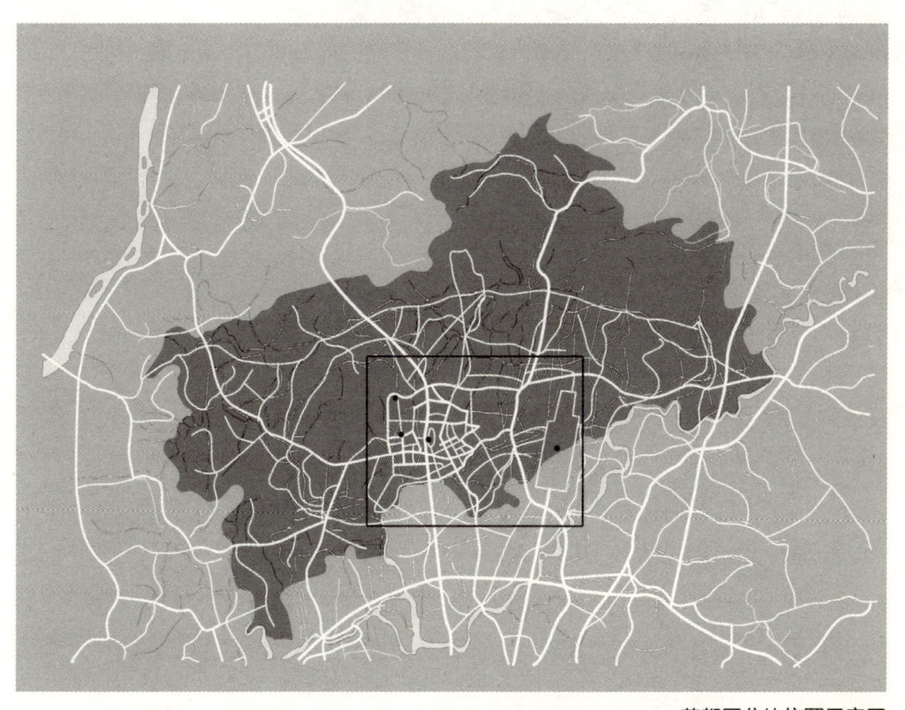

花都区分块位置示意图

花都区建筑

Huadu District

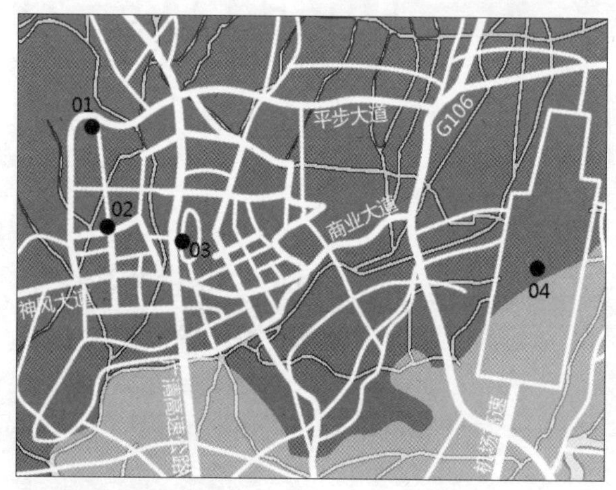

花都区建筑位置示意图

01 洪秀全故居
02 圆玄道观
03 资政大夫祠古建筑群
04 广州新白云国际机场

01 洪秀全故居

Home of Hong Xiuquan/ Hong Xiuquan's Former Residence Memorial Museum

建筑类型：民居建筑（Folk House/ Residential Architecture）
建造时间：1961 年
地址位置：花都新华镇大㳇乡官禄村（Dabu Guanlu village, Xinhua town, Huadu District）
交　　通：公交（洪秀全故居总站）花都 21 路。

故居是洪秀全成长、耕读和从事早期革命活动的地方。原故居于金田起义后被清军焚毁。1961 年广州市文物考古队发掘出房屋墙基，参照客家民居形制重建。建筑为泥砖瓦木结构，一厅五房，六间相连，客家人称为“五龙过脊”；坐北向南，东西宽 16.5 米、南北深 5.5 米，每间房子约 13 平方米。西端第一间为洪秀全夫妇住房，第二间房子正面挂洪秀全太祖洪英纶夫妇画像，画像有洪秀全的亲笔题诗。

02 圆玄道观
Yuanxuan Taoist Temple

建筑类型：道教庙观（Taoist Temple）
建造时间：1998 年
地址位置：花都区新华镇九潭村（Jiutan village, Xinhua town, Huadu District）
交　　通：公交（圆玄道观站）花都 20、花都 9 路。

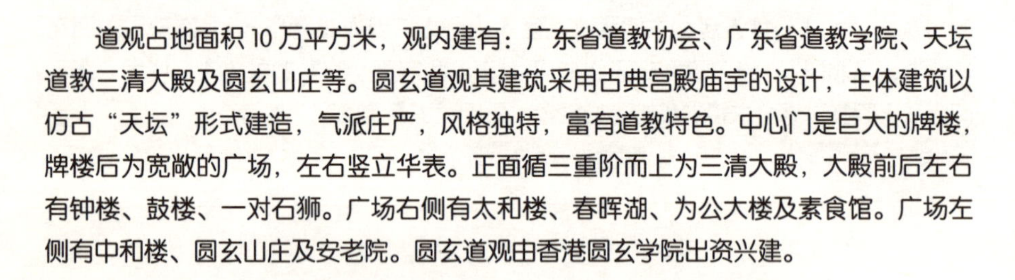

道观占地面积 10 万平方米，观内建有：广东省道教协会、广东省道教学院、天坛道教三清大殿及圆玄山庄等。圆玄道观其建筑采用古典宫殿庙宇的设计，主体建筑以仿古“天坛”形式建造，气派庄严，风格独特，富有道教特色。中心门是巨大的牌楼，牌楼后为宽敞的广场，左右竖立华表。正面循三重阶而上为三清大殿，大殿前后左右有钟楼、鼓楼、一对石狮。广场右侧有太和楼、春晖湖、为公大楼及素食馆。广场左侧有中和楼、圆玄山庄及安老院。圆玄道观由香港圆玄学院出资兴建。

05 陈廉仲公馆

Chen Lianzhong's Residence

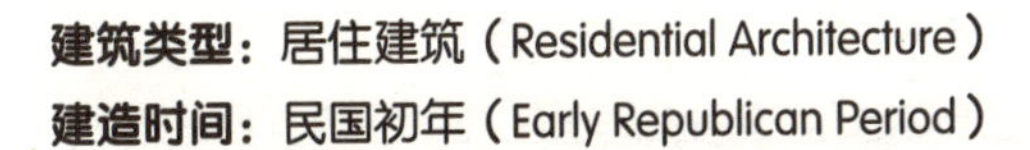

建筑类型： 居住建筑（Residential Architecture）

建造时间： 民国初年（Early Republican Period）

地址位置： 龙津西路逢源北街 84 号（84 Fengyuan Bei Jie, Longjin Xi Lu）

交　　通： 地铁 1 号线长寿路站 B 出口；公交（洋塘站）8、25、55、74 路，（多宝路口站）2、25、55、74 路。

陈氏公馆坐落在西关上支涌岸边，独院式别墅带有明显的西洋风格，建筑又与中式的园林有机地结合在一起，成为 20 世纪初一种具有岭南特点的建筑类型。陈廉仲与其兄陈廉伯均为英籍华人，陈廉伯当时是广州商团团长、英商汇丰银行买办。

陈廉仲公馆为带庭院的三层西洋式别墅建筑，为西式外柱廊的立面造型，仿罗马、希腊柱式及拱门手法，设计严谨，装饰讲究。陈廉仲公馆庭园面积有 1100 多平方米，庭园布置采用岭南传统的园林手法，庭园内种有大叶榕、黄皮、龙眼、桑树、竹树、玉兰、荷花等岭南花木，还有池塘及岭南风格石山，其中“风云际会”石山上生有榕树，树与山石浑成一体，而凉亭为一 2 层楼的西式小品建筑。现陈廉仲公馆已作为广州荔湾区博物馆。相邻的陈廉伯公馆是座 4 层楼的西洋式别墅建筑，洋房楼梯采用了西方建筑风格的螺旋式楼梯。

荔湾博物馆内的民俗馆是以重建的西关大屋为主体，建筑面积 278 平方米。遵循“整旧如旧”的原则，从平面布局、立面处理、建筑设计和细部装饰等方面全方位恢复昔日古老大屋的建筑模式和风格。

06 流花西苑
Liuhua Western Garden

建筑类型： 主题公园（Garden）
建造时间： 1964 年
地址位置： 流花公园西侧（The West Side of Liuhua Park）
交　　通： 公交（西苑站）29、207、238、239、530、552 路。

流花西苑面积约 2.9 万平方米，为盆景园。这里常年摆设盆景 1000 多盆，形态各异，盘根错节，美不胜收，是名闻中外的"盆景之家"。园内湖光水色，曲径绿荫，风景怡人，富有诗情画意。盆景园除集中展示岭南各流派的树根盆景外，还有高近 20 米的多棵高山榕、200 多年树龄的九里香和罗汉松，以及乌不宿、黑松、榆树、雀梅等名贵品种。

西区是公园的主体，这里山坡起伏，曲院回廊，荷池柳岸，景色幽美。在榕荫馆、亭榭及温室等展厅中，陈列有千多盆各种名贵类型的盆栽，有的豪迈雄奇，古老苍劲；有的轻盈飘逸、文静潇洒，百态千姿，风格独特，显示了岭南派盆栽特色。

西苑与流花公园的秀色交相辉映，小而见大，气势倍添。园中还设有三个茶室和咖啡室，或临湖而辟、或在榕荫之下，游人可一边品茗，一边欣赏盆趣及庭园景色。

荔湾区二分块建筑

Zone 2, Liwan District

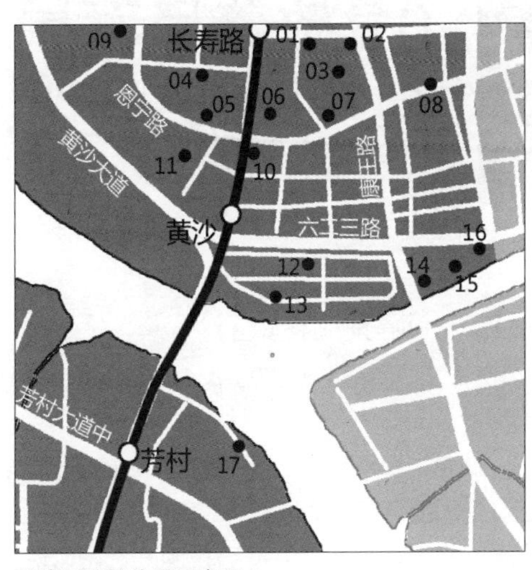

荔湾区建筑位置示意图 2

01 敬善里石屋
02 锦纶会馆
03 华林寺
04 李文田宅第
05 八和会馆
06 莲香楼
07 广州酒家
08 上下九商业步行街
09 西关大屋民居群
10 陶陶居
11 詹天佑故居
12 沙面租界
13 白天鹅宾馆
14 粤海关大楼
15 粤邮政总局大楼
16 南方大厦
17 信义国际会馆

01 敬善里石屋

Jingshanli Stone House

建筑类型：民居建筑（Folk House/Residential Architecture）
建造时间：民国元年（1912 年）
地址位置：文昌南路敬善里 13 号（13 Jingshan Li, Wenchang Nan Lu）
交　　通：地铁 1 号线长寿路站 A 出口；公交（文昌南路站）530 路。

敬善里石屋是著名西医师黄宝坚寓所，占地 350 平方米，为广州市现存的三开间石屋之一。石屋由黄宝坚之兄从美国带回设计图纸，整幢 3 层楼外墙均用长方形麻石精工砌筑，古雅别致，石屋的外观虽然是西式洋楼风格，但在内部装饰上则是岭南风格。与普通的岭南建筑相比，石屋楼层层高较大，首层约有 4 米高，大门两侧立有两根巨大的花岗石圆柱。屋内有花园，为封闭式的小庭院，约有 40 平方米，园内西边建有八角半边亭，碧绿色檐瓦映衬着以卵石筑成的金鱼池。走廊和园中均设厅石作凳，古朴幽雅。黄宝坚后人现仍居于此。

02 锦纶会馆
Jinlun Guild Hall

建筑类型： 会馆建筑（Guild Building）
建造时间： 清道光二十四年（1844 年）
地址位置： 康王路 289 号（289 Kangwang Lu）
交　　通： 地铁 1 号线长寿路站 A 出口；公交（华林寺站）17、114、125、181、226、238、239、251、288、297、521、552 路，（带河路站）2、3、6、61、82 路。

锦纶会馆又名锦纶堂，始建于清朝雍正元年（1723 年），道光二十四年（1844 年）重修。会馆坐北朝南，占地 692 平方米，是一座祠堂式的三进深、砖木结构的会馆建筑。外观青砖石脚，绿筒瓦镬耳山墙，门前砖雕细腻。馆内保留有不少木雕、砖雕、陶塑、碑刻等。

锦纶会馆原是广州丝织行业股东公会，1949 年后曾为民宅所用，其房屋结构基本保持完好，成为广州保存下来的唯一近代专业会馆。馆内完整保留了 21 方历史碑刻，是研究清代资本主义萌芽和广州商贸发展的重要实证。2001 年建设康王路时，为保护这座古建筑，对其进行整体平移。工程具体为向西北方纵移 80.4 米，横移 22 米，托上 1.85 米，是我国首次连地基完整平移，也是国际上第一例平移加顶升工程。

03 华林寺
Hualin Temple

建筑类型：佛教寺院（Buddhist Temple）
建造时间：清顺治十一年（1654 年）
地址位置：下九路华林寺前街 31 号（31 Hualinsi Qian Jie, Xiajiu Lu）
交　　通：地铁 1 号线长寿路站 A 出口；公交（带河路站）2、3、6、61、82 路，（华林寺站）17、114、125、181、226、238、239、251、288、297、521、552 路。

南朝梁武帝普通七年（526 年），达摩到达广州后建寺庙西来庵。西来庵建成后，历隋、唐、宋、元、明、清诸代多次修葺，并经多次改建为砖木结构，“传灯不绝”，长盛不衰。清顺治十一年（1654 年），庵的住持宗符禅师募资扩建，增设了禅房、僧房、大雄宝殿，又开拓庭院、广植树木、引入流水，营造起一座更典雅幽静的颇具规模的佛教丛林，面积达 3 万平方米，并将西来庵改名为华林寺。寺坐西朝东，山门两侧各放两只石狮子和两只石鼓。山门石额上铭刻着“华林禅寺”四个字，进了山门，两端是星岩石塔，南面为一列平房，内有一间功德堂。功德堂的旁边有初祖达摩堂，堂内供奉达摩盘膝全身像。

04 李文田宅第
Li Wentian's Taihua Building

建筑类型： 民居建筑（Folk House/ Residential Architecture）
建造时间： 约 1890 年
地址位置： 多宝路多宝坊 27 号（27 Duobao Fang, Duobao Lu）
交　　通： 地铁 1 号线长寿路站 D1 出口；公交（宝华路站）6 路，（恒宝广场总站）541 路。

清代探花李文田宅第，民间称探花第，原是一座六开间大屋，屋中为四柱大厅的大宅，占地约 3800 平方米，西靠恩宁水道，正对黄沙柳波涌。原屋有门厅，正厅，左、右偏间，外廊和书偏厅、厨房等建筑物。内院约 300 平方米，除外廊、门厅、厨房为单层和大厅为一层半楼外，其余均为两层砖木建筑。大厅对向天井，环境幽雅。现建筑是经过后人改建的两层探花书轩“泰华楼”，建筑面积 400 多平方米，为一正两偏加书轩的书斋建筑，属岭南多典型的厅堂建筑。内庭园种有苦楝树、蕉树和棕竹，园中古井仍存当年之风貌。

05 八和会馆
Bahe Hall

建筑类型：会馆建筑（Guild Building）
建造时间：1889 年
地址位置：恩宁路 177 号（177 Enning Lu）
交　　通：公交（恩宁路站）2、3、82 路。

八和会馆为粤剧行馆，包括永和堂（武生）、兆和堂（生）、福和堂（旦）、庆和堂（净）、新和堂（丑）、德和堂（武打）、慎和堂（经营人员）、普和堂（棚面）等八个分堂及其宿舍，并附设方便所（赠药所）、一别所（殓葬所）、养老院和八和小学。

八和会馆始建于光绪十五年（1889 年），重修于 2003 年。现修复后的八和会馆占地约 100 多平方米，外部 3 层、高 5 米，内部为 2 层、深 36 米，与 500 多平方米的粤剧博物馆和 5000 多平方米粤剧广场形成广州首条粤剧戏曲文化特色一条街。八和会馆大堂设有一中心舞台，用于粤剧表演，大堂内部左侧悬挂有三大幅镂空雕、浮雕装饰画，右侧为四框大“满洲窗”，正面则是一个供奉粤剧鼻祖“光华师傅”牌位的大型神台。

03 资政大夫祠古建筑群
Ancient Temples Complex of Zizheng Dafu

建筑类型：宗祠建筑（Ancestral Temple）
建造时间：清同治二年（1863 年）
地址位置：花都新华镇三华村（Sanhua Village, Xinhua Town, Huadu District）
交　　通：公交（资政大夫祠站）花都 9 路。

资政大夫祠建筑群，即资政大夫祠、南山书院、亨之徐公祠和国碧公祠连建在一起的群体建筑。合计占地面积 1.8 万平方米，主体建筑面积 6000 平方米。资政大夫祠是清同治二年（1863 年）任兵部郎中的徐方正为其祖父徐德魁被封赠资政大夫而建。南山书院则是兵部主事徐表正为其父徐时亮被赠奉直大夫而建的生祠。国碧公祠和亨之徐公祠则是徐姓的祠堂。

这四组建筑先后建于清同治年间，前后排列整齐，由头门、中堂、祖堂组成，砖木结构。资政大夫祠和南山书院在头门内院建牌坊，祖堂之后隔横巷建二层后楼，建筑布局、风格、形制保存完整，这组三列三进六廊的艺术建筑群，是我国岭南民间艺术建筑的又一典型。广州市重点文物保护单位。

04 广州新白云国际机场
Guangzhou Baiyun International Airport

建筑类型： 交通建筑（Transit architecture）
建造时间： 2001 年
地址位置： 花都区（Huadu District）
交　　通： 机场快线 1 ～ 8 号线。

广州新白云国际机场是国内规模最大、功能最完善的民航中枢机场，是中国目前在岩溶地区兴建的规模最大的公共民用建筑，也是中国目前规模最大的相贯焊接空心管结构工程，占地面积为 14.4 平方公里。新机场航站楼占地 30.4 万平方米，为国内各大机场之最。

航站楼的基础采用嵌岩桩，楼盖为预应力混凝土结构，屋盖为相贯焊接空心管桁架结构，航站主楼两侧的连廊呈弧形布置，最大限度地增加其立面长度，这种设计可以布置更多的近机位，方便旅客登机。一层到港和二层高架路出港，解决了绝大多数旅客分流，减少了不必要的换层。航站楼内的中央集中办票大楼，以两侧 60 米连续跨街桥将东西 450 米弧形连廊融为一体，各连廊延伸的指廊又把航站区空间延伸入飞行区，形成统一整体。

从化市
Conghua

从化市分块位置示意图

从化市建筑
Conghua

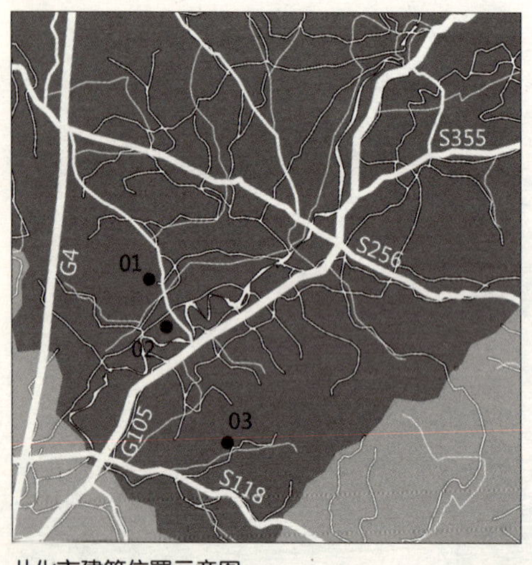

01 钟楼村
02 木棉村
03 钱岗古村

从化市建筑位置示意图

01 钟楼村
Zhonglou Village

建筑类型： 村落（Historical Village）
建造时间： 清代（Qing Dynasty）
地址位置： 太平镇神岗（Shen Gang, Taiping Town, Conghua）
交　　通： 公交（神岗）601、602 路。

钟楼古村是目前从化发现保留最为完好的古村落之一，建筑为欧阳氏族人在清咸丰年间所建的宅院，面积近 1.5 万平方米。从高处观望钟楼村全景，可见全村的建筑规模巍峨壮观，结构紧凑，布局匀称，巷道整齐。钟楼村的每条巷两侧都是民居，每一侧 7 户，前后毗连，共 49 户，由正厅、卧房、厨房、天井和过廊共同构成。每一户的两廊相通对望。当地村民称这种“守望相助”的建筑形式，可方便邻里间互相照应，小至孩子的照看，大至防范盗贼入屋。

钟楼村东南西北四面各有一个碉楼，具有防御敌人外袭的作用。在村北侧，一座 5 层楼高的砖木结构的大碉楼最为显眼。该碉楼由青砖砌筑，有两扇门，外层为铁门，且在门后设有铁扣锁，只要铁扣环扣紧，铁门便很难打开，碉楼左右两侧共有 5 个门口，每一侧门的上面都有 3 个枪眼，可供防御外敌入侵。

02 木棉村
Mumian Village

建筑类型：村落（Historical Village）
建造时间：宋代（Song Dynasty）
地址位置：太平镇神岗（Shen Gang, Taiping Town, Conghua）
交　　通：公交（神岗）601、602 路。

木棉村，位于从化太平镇神岗，相传由宋代谢氏建村。村中的五岳殿为广东省文物保护单位。据《从化文物志》记载，其建筑为宋朝风格，约 1000 年历史，其梁架、斗栱、柱式、出挑、开间等早期建筑构件和风格做法尚存。村中另有明清时期古建筑约六七百间，皆保留原貌，可惜年久失修，多成残垣。村中有古码头一个，为昔日船只经商往来之重地。村中环境清幽，民风淳朴，于流溪河畔自成一隅，怡然自得。

03 钱岗古村
Qiangang Old Village

建筑类型： 村落（Historical Village）
建造时间： 元代（Yuan Dynasty）
地址位置： 太平镇（Taiping Town, Conghua）
交　　通： 公交（从化太平镇）5、609 路。

钱岗属太平镇。宋末时钱氏迁此定居，故得名。钱岗古村占地面积较大，有大小屋舍千余间，有名的村巷 12 条，无名的小巷无从计算。根据孟春吉《恒祯房宗谱》的记载，钱岗古村最早的居民，是南宋左丞相陆秀夫的后裔。左丞相陆秀夫在崖山背负幼帝投海后，元朝对陆氏家族展开追杀。当时陆秀夫的第四子陆礼成正奉父之命镇守梅岭，惊闻父亲以身殉国的噩耗，悲痛不已，审时度势之后，知道大宋气数已尽，只得蛰居于民间。至其第五代，玄孙陆从兴一路辗转至此，见这里山清水秀、粮余粟足，决定迁居至此，逐渐形成了钱岗古村。

古村始建于元代。陆从兴之后传至第六代、第七代的时候，于明永乐四年（1406 年）始建广裕祠。后钱岗古村以广裕祠为中心修建，古村布局较为随意，古巷以鹅卵石铺砌，迂回曲折、错落复杂。村落东面门楼前为牌坊，经牌坊出入古村。古村共有 4 个门楼：东为启廷门，西为镇华门，南为震明门，北为迎龙门，唯北门最具特色，因为它的阁楼高于其他的门楼。村的外围现在仍存有残缺的旧围墙与 4 个门楼相连。政南巷是贯穿旧村南北的中心巷，主村道外绕整个村庄。

广裕祠堂共三进，占地约 992 平方米，建筑面积共 816 平方米。坐北向南，主体建筑面阔三间、进深三进，分为前厅、中堂和后堂，木构架，两旁山墙承重，屋面素瓦，悬山屋顶，是珠三角地区祠堂中具明显北方风格的实例。最早的维修记录是“大明嘉靖三十二年（1553 年）岁次癸丑仲冬吉旦重建”。广裕祠兼具历史价值、建筑价值和美学价值，是考据北民南迁历史以及南北建筑风格互相借鉴发展的一座重要古建筑文物。在广裕祠的修复中，形成村民、政府机构和技术顾问组织精诚合作保护地方遗产的杰出范例，因此 2003 年获得了联合国教科文组织亚太地区文化遗产保护奖第一名“杰出项目奖”。

增城市
Zengcheng

增城市分块位置示意图

增城市建筑

Zengcheng

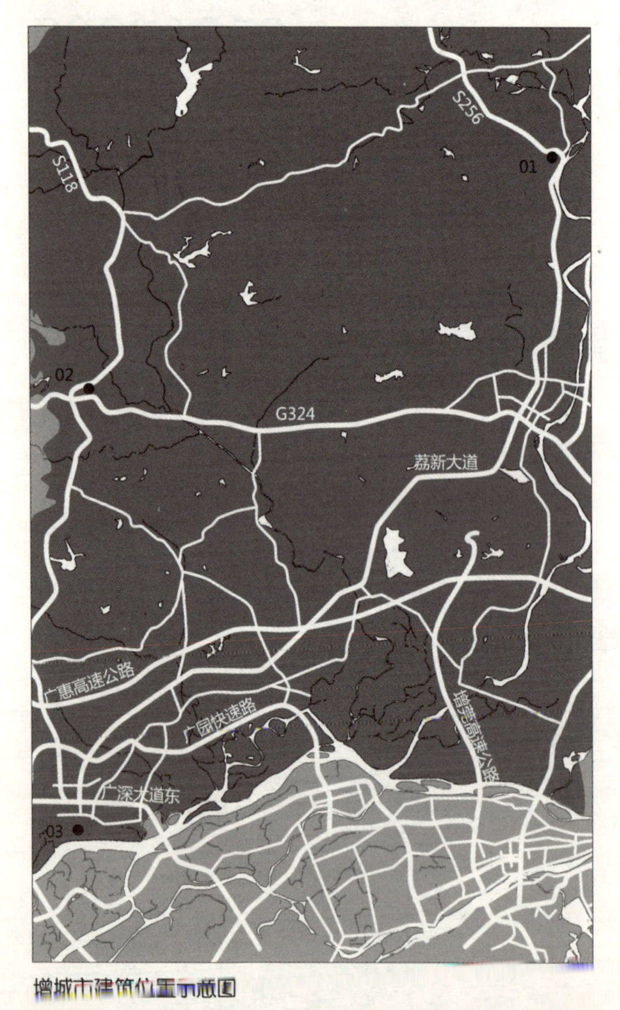

增城市建筑位置示意图

01 何仙姑家庙

02 坑贝村

03 瓜岭村

01 何仙姑家庙
He Xian Gu Temple

建筑类型： 道教庙观（Taoist Temple）
建造时间： 唐朝（Tang Dynasty）
地址位置： 增城市小楼镇（Xiaolou Town, Zengcheng）
交　　通： 公交（何仙姑家庙站）增城 718 路。

何仙姑家庙是增城市重点文物保护单位，被评为新八景之一，名为“小楼仙源”。相传八仙之一的何仙姑姓何名琼，是增城小楼人，家庙为祀奉何仙姑而建。庙内有仙姑殿、庙顶仙桃、仙姑井、三忠、八仙堂等景点。

家庙砖石抬梁式结构，第一、三进十三架出前廊为封火山墙，第二进四柱一间五架拜亭为硬山顶。正堂供奉樟木雕塑的何仙姑像，左边墙壁有一幅八仙浮雕，右侧有一口井，名“仙姑井”。庙正堂右侧的瓦脊上有棵桃树，人称“仙桃”。庙内外装饰以木雕、灰雕、砖雕为主，飞檐拍板遍布花鸟、戏曲人物，工艺精湛优美。

02 坑贝村
Kengbei Village

建筑类型：村落（Historical Village）
建造时间：明末（Late Ming Dynasty）
地址位置：增城中新镇东南处（Southeast Zhongxin Town, Zengcheng）
交　　通：公交（东圃客运站）8、638 路。

坑贝村距增城市区 18 公里，距广州市区 43 公里，占地面积 30 多亩。坑贝村是宋代宰相崔与之的故乡，崔与之古宅在古建筑群内，距古建筑群不远处仍保存着崔与之墓。坑贝村古建筑群始建于明末清初，距今已有 400 多年的历史，是至今整体布局保存较为完好，且具有岭南民居与客民居相结合的古建筑群。村屋由祠堂、官厅、炮楼、书房各一座和 43 座民宅组成，村屋的基本格局和基本房屋仍存。坑贝村已于 2000 年被广州市人民政府公布为历史文化保护区。

03 瓜岭村
Gualing Village

建筑类型： 村落（Historical Village）
建造时间： 明代（Ming Dynasty）
地址位置： 增城新塘镇广园东路（Guangyuan Donglu, Xintang Town, Zengcheng）
交　　通： 公交（增城新塘站）214 路。

瓜岭村位于增城市新塘镇东部。明成化年间，因邻村一些村民在此种瓜搭棚看瓜，而逐渐定居成村，故名瓜洲，又名瓜岭。增城瓜岭村距今已有 500 多年的历史，具有典型的岭南水乡风格，形成水道、荔枝林、祠堂、民居、碉楼的布局形态，水道环绕全村，起到护村的作用，岸边有全村最高的建筑碉楼（相当于现在 9 层楼高），可以观察远方的状况。河涌水道对岸有生长上百年的荔枝林，相当茂密，丰收的季节，场面热闹壮观。

后记
Postscript

在 2010 广州亚运会即将召开之际，为了使更多的人了解和游览广州的建筑，我们编写了《广州建筑导览》一书。虽参考了许多有关书籍、资料及网站，但由于时间较紧和资料有限，未能将广州所有有特色、有价值的建筑一一收录，而内容错漏还是难免。

华南理工大学建筑学院的学生，充满着极大的热情，利用课余时间收集整理资料与图片。他（她）们是：2006 级廖家升、周海成、李腾、亓文飞、王珏、许诗师、冼涣笙、卢茵、徐萱、孟童、李燕红；2007 级林韵莹、黄凯燕、黄文英、张异响、林创业、李清雯、张黎、高佳琪、刘耀科；2008 级覃洁、罗健萍、林墅哲、陈日辉、王慈航、郭彤彤、曾雪娇、覃国洪、朱正、黄澄宇、刘露、唐骁珊、沈希同学。博士研究生李自若参加了本书校对工作。

陆琦

2010.8.